MARGHERITA HACK

LIBERA SCIENZA IN LIBERO STATO

Rizzoli

ISBN 978-88-17-03836-2

Prima edizione: gennaio 2010

I grafici sono stati realizzati da Angelo Valenti.

Realizzazione editoriale: Studio Editoriale Littera, Rescaldina (MI).

LIBERA SCIENZA
IN LIBERO STATO

La scienza e la politica

Da qualche anno si fa un gran parlare di «innovazione», magica parola che dovrebbe permettere ai Paesi del mondo industrializzato di reggere la concorrenza dei Paesi emergenti, che producono le stesse cose a prezzi enormemente inferiori. Innovazione significa dunque immaginare nuovi modi di produrre le stesse cose a minor costo, oppure inventare nuovi prodotti, dai più complessi ai più semplici, che in qualche maniera facilitino la nostra vita quotidiana in casa o sul lavoro, o macchine o utensili più facili da usare di quelli esistenti, o creare marchingegni e renderli indispensabili.

Innovazione significa anche utilizzare le conoscenze sul funzionamento del nostro corpo per vivere meglio e in miglior salute, e soprattutto trovare il modo di debellare tante malattie ancora oggi inguaribili. Basta pensare a quali e quanti sono stati i progressi della medicina nel corso di questi ultimi cento anni.

Perciò l'innovazione è frutto della tecnologia e la tecnologia è frutto della ricerca applicata, la quale a sua volta deriva dalla ricerca di base: la ricerca, cioè, che non si pone problemi di applicazioni pratiche, ma si occupa solo di scoprire le leggi che regolano l'universo, il nostro pianeta, il nostro corpo, la ricerca che soddisfa la curiosità e insegue la conoscenza per la conoscenza.

Allora perché in Italia si dà così poca importanza alla ricerca scientifica? Quando si parla di innovazione lo si fa sempre a vanvera. Invece l'interesse per la scienza e le sue applicazioni dovrebbe essere inculcato nei bambini già dalle prime classi elementari.

Disinteresse per la scienza significa anche e soprattutto disinteresse per la cultura, per la scuola di ogni ordine e grado, che è quella che dovrebbe «nutrire» i cervelli di ogni cittadino.

Se ne rendeva ben conto Piero Calamandrei che l'11 febbraio 1950, durante il III Congresso dell'Associazione a difesa della scuola nazionale, pronunciò un famoso discorso ancora oggi di grande attualità. Anzi, forse ancora più attuale di sessant'anni fa. Allora eravamo appena usciti dalla guerra e dalla dittatura, si sentiva una gran voglia di ricominciare, di ricostruire, di creare una democrazia che la maggioranza della popolazione non aveva mai conosciuto; c'era un entusiasmo che oggi non c'è più per i valori della libertà, dell'eguaglianza, del socialismo e del cristianesimo che hanno permesso a due grandi forze democratiche – il Partito comunista e la Democrazia cristiana – di far crescere l'Italia da Paese contadino di analfabeti e semianalfabeti a quinta potenza industriale, nel rispetto di una Costituzione che oggi una classe politica interessata solo a difendere i propri meschini interessi vorrebbe cambiare. Per questo è utile rileggersi il discorso di Calamandrei.

Cari colleghi,
noi siamo qui insegnanti di tutti gli ordini di scuole, dalle elementari alle università, affratellati in questo esercizio quotidiano di altruismo, in questa devozione giornaliera al domani, all'avvenire che noi prepariamo e che non vedremo, che è l'insegnamento. Siamo qui riuniti in questo convegno che si intitola alla Difesa della scuola. Perché difendiamo la scuola? Forse la scuola è in pericolo? Quale è la scuola che noi difendiamo? Quale è il pericolo che incombe sulla scuola che noi difendiamo?
Può venire subito in mente che noi siamo riuniti per difendere la scuola laica. Ed è anche un po' vero ed è stato detto stamane. Ma non è tutto qui, c'è qualche cosa di più alto.
Questa nostra riunione non si deve immiserire in una polemica fra clericali ed anticlericali. Senza dire, poi, che si difende quello che abbiamo. Ora, siete proprio sicuri che in Italia noi abbiamo la scuola laica? Che si possa di-

fendere la scuola laica come se ci fosse, dopo l'articolo 7? Ma lasciamo fare, andiamo oltre. Difendiamo la scuola democratica: la scuola che corrisponde a quella Costituzione democratica che ci siamo voluti dare; la scuola che è in funzione di questa Costituzione, che può essere strumento, perché questa Costituzione scritta sui fogli diventi realtà.

[...] La scuola, come la vedo io, è un organo «costituzionale». Ha la sua posizione, la sua importanza al centro di quel complesso di organi che formano la Costituzione. Come voi sapete (tutti voi avrete letto la nostra Costituzione), nella seconda parte della Costituzione, quella che si intitola «l'ordinamento dello stato», sono descritti quegli organi attraverso i quali si esprime la volontà del popolo. Quegli organi attraverso i quali la politica si trasforma in diritto, le vitali e sane lotte della politica si trasformano in leggi. Ora, quando vi viene in mente di domandarvi quali sono gli organi costituzionali, a tutti voi verrà naturale la risposta: sono le Camere, la Camera dei deputati, il Senato, il presidente della repubblica, la magistratura: ma non vi verrà in mente di considerare fra questi organi anche la scuola, la quale invece è un organo vitale della democrazia come noi la concepiamo. Se si dovesse fare un paragone tra l'organismo costituzionale e l'organismo umano, si dovrebbe dire che la scuola corrisponde a quegli organi che nell'organismo umano hanno la funzione di creare il sangue.

[...] La scuola, organo centrale della democrazia, perché serve a risolvere quello che secondo noi è il problema centrale della democrazia: la formazione della classe dirigente. La formazione della classe dirigente, non solo nel senso di classe politica, di quella classe cioè che siede in parlamento e discute e parla (e magari urla) che è al vertice degli organi più propriamente politici, ma anche classe dirigente nel senso culturale e tecnico: coloro che sono a capo delle officine e delle aziende, che insegnano, che scrivono, artisti, professionisti, poeti. Questo è il problema della democrazia, la creazione di questa classe, la quale non deve essere una casta ereditaria, chiusa, una oligarchia, una chiesa, un clero, un ordine. No. Nel nostro pensiero di democrazia, la classe dirigente deve essere aperta e sempre rinnovata dall'afflusso verso l'alto degli elementi migliori di tutte le classi, di tutte le categorie. Ogni classe, ogni categoria deve avere la possibilità di liberare verso l'alto i suoi elementi migliori, perché ciascuno di essi possa temporaneamente, transitoriamente, per quel breve istante di vita che la sorte concede a ciascuno di noi, contribuire a portare il suo lavoro, le sue migliori qualità personali al progresso della società.
[...] A questo deve servire la democrazia, permettere ad ogni uomo degno di avere la sua parte di sole e di dignità. Ma questo può farlo soltanto la scuola, la quale è il complemento necessario del suffragio universale. La scuola, che ha proprio questo carattere in alto senso po-

litico, perché solo essa può aiutare a scegliere, essa sola può aiutare a creare le persone degne di essere scelte, che affiorino da tutti i ceti sociali.
Vedete, questa immagine è consacrata in un articolo della Costituzione, sia pure con una formula meno immaginosa. È l'articolo 34, in cui è detto: «La scuola è aperta a tutti. I capaci ed i meritevoli, anche se privi di mezzi, hanno diritto di raggiungere i gradi più alti degli studi». Questo è l'articolo più importante della nostra Costituzione. Bisogna rendersi conto del valore politico e sociale di questo articolo. *Seminarium rei publicae*, dicevano i latini del matrimonio. Noi potremmo dirlo della scuola: *seminarium rei publicae*: la scuola elabora i migliori per la rinnovazione continua, quotidiana della classe dirigente. Ora, se questa è la funzione costituzionale della scuola nella nostra repubblica, domandiamoci: com'è costruito questo strumento? Quali sono i suoi principi fondamentali? Prima di tutto, scuola di stato. Lo stato deve costituire le sue scuole. Prima di tutto la scuola pubblica. Prima di esaltare la scuola privata bisogna parlare della scuola pubblica. La scuola pubblica è il *prius*, quella privata è il *posterius*. Per aversi una scuola privata buona bisogna che quella dello stato sia ottima. Vedete, noi dobbiamo prima di tutto mettere l'accento su quel comma dell'articolo 33 della Costituzione che dice così: «La repubblica detta le norme generali sull'istruzione ed istituisce scuole statali per tutti gli ordini e

gradi». Dunque, per questo comma [...] lo stato ha, in materia scolastica, prima di tutto una funzione normativa. Lo stato deve porre la legislazione scolastica nei suoi principi generali. Poi, immediatamente, lo stato ha una funzione di realizzazione. Lo stato non si deve limitare a porre i principi platonici, ideali, teorici della costituzione delle scuole.

[...] Lo stato non deve dire: io faccio una scuola come modello: poi il resto lo facciano gli altri. No, la scuola è aperta a tutti e se tutti vogliono frequentare la scuola di stato, ci devono essere in tutti gli ordini di scuole, tante scuole ottime, corrispondenti ai principi posti dallo stato, scuole pubbliche, che permettano di raccogliere tutti coloro che si rivolgono allo stato per andare nelle sue scuole. La scuola è aperta a tutti. Lo stato deve quindi costituire scuole ottime per ospitare tutti. Questo è scritto nell'articolo 33 della Costituzione. La scuola di stato, la scuola democratica, è una scuola che ha un carattere unitario, è la scuola di tutti, crea cittadini, non crea né cattolici, né protestanti, né marxisti. La scuola è l'espressione di un altro articolo della Costituzione: dell'articolo 3: «Tutti i cittadini hanno parità sociale e sono eguali davanti alla legge, senza distinzione di sesso, di razza, di lingua, di religione, di opinione politica, di condizioni personali e sociali». E l'articolo 51: «Tutti i cittadini possono accedere agli uffici pubblici e alle cariche elettive in condizioni di eguaglianza, secondo i requisiti stabiliti dalla legge». Di questi due articoli deve essere strumento la scuola di stato, strumento di questa eguaglianza civica, di questo rispetto per le libertà di tutte le fedi e di tutte le opinioni. Questo strumento è la scuola pubblica, democratica; della quale è stato detto esattamente da un caro amico, da Guido Calogero: «Attraverso la struttura dei programmi e del metodo didattico e la piena apertura della scuola a insegnanti ed a studenti di ogni convincimento e di ogni religione, senza alcuna preferenza di parte per gli uni e per gli altri, la scuola pubblica assicura che ogni voce sia presente, che nessuna verità venga insegnata senza essere anzitutto messa in dubbio nel pacato confronto con le verità opposte, che l'acquisizione dei convincimenti abbia luogo non sotto la pressione di una mentalità dogmatica, ma nello spirito della libera discussione critica, sola capace di non far dimenticare i contemporanei diritti dei convincimenti altrui». Quando la scuola pubblica è così forte e sicura, allora, ma allora soltanto, la scuola privata non è pericolosa. Allora, ma allora soltanto, la scuola privata può essere un bene. Può essere un bene che forze private, iniziative pedagogiche di classi, di gruppi religiosi, di gruppi politici, di filosofie, di correnti culturali, cooperino con lo stato ad allargare, a stimolare, e a rinnovare con varietà di tentativi la cultura. Al diritto della famiglia, che è consacrato in un altro articolo della Costituzione, nell'articolo 30, di istruire e di educare i figli, corrisponde questa opportunità che deve

essere data alle famiglie di far frequentare ai loro figlioli scuole di loro gradimento e quindi di permettere l'istituzione di scuole che meglio corrispondano – con certe garanzie che ora vedremo – alle preferenze politiche, religiose, culturali di quella famiglia. Ma rendiamoci ben conto che mentre la scuola pubblica è espressione di unità, di coesione, di uguaglianza civica, la scuola privata è espressione di varietà, che può voler dire eterogeneità di correnti decentratrici, che lo stato deve impedire che divengano correnti disgregatrici. La scuola privata, in altre parole, non è creata per questo.
La scuola della repubblica, la scuola dello stato, non è la scuola di una filosofia, di una religione, di un partito, di una setta. Quindi, perché le scuole private sorgendo possano essere un bene e non un pericolo, occorre: 1) che lo stato le sorvegli e le controlli e che sia neutrale, imparziale tra esse. Che non favorisca un gruppo di scuole private a danno di altre. 2) Che le scuole private corrispondano a certi requisiti minimi di serietà di organizzazione. Solamente in questo modo e in altri più precisi, che tra poco dirò, si può avere il vantaggio della coesistenza della scuola pubblica con la scuola privata. La gara cioè tra le scuole statali e le scuole private. Che si stabilisca una gara tra le scuole pubbliche e le scuole private, in modo che lo stato da queste scuole private che sorgono, e che eventualmente possono portare idee e realizzazioni che finora nelle scuole pubbliche non

c'erano, si senta stimolato a far meglio, a rendere, se mi sia permessa l'espressione, «più ottime» le proprie scuole. Stimolo dunque deve essere la scuola privata allo stato, non motivo di abdicazione.

Ci siano pure scuole di partito o scuole di chiesa. Ma lo stato le deve sorvegliare, le deve regolare; le deve tenere nei loro limiti e deve riuscire a far meglio di loro. La scuola di stato, insomma, deve essere una garanzia, perché non si scivoli in quello che sarebbe la fine della scuola e forse la fine della democrazia e della libertà, cioè nella scuola di partito. Come si fa a istituire in un paese la scuola di partito? Si può fare in due modi. Uno è quello del totalitarismo aperto, confessato. Lo abbiamo esperimentato, ahimè. Credo che tutti qui ve ne ricordiate, quantunque molta gente non se ne ricordi più. Lo abbiamo sperimentato sotto il fascismo. Tutte le scuole diventano scuole di stato: la scuola privata non è più permessa, ma lo stato diventa un partito e quindi tutte le scuole sono scuole di stato, ma per questo sono anche scuole di partito. Ma c'è un'altra forma per arrivare a trasformare la scuola di stato in scuola di partito o di setta. Il totalitarismo subdolo, indiretto, torpido, come certe polmoniti torpide che vengono senza febbre, ma che sono pericolosissime. Facciamo l'ipotesi, così astrattamente, che ci sia un partito al potere, un partito dominante, il quale però formalmente vuole rispettare la Costituzione, non la vuole violare in sostanza. Non vuol fare la marcia su Roma e trasformare l'aula in alloggiamento per i manipoli; ma vuol istituire, senza parere, una larvata dittatura. Allora, che cosa fare per impadronirsi delle scuole e per trasformare le scuole di stato in scuole di partito? Si accorge che le scuole di stato hanno il difetto di essere imparziali. C'è una certa resistenza; in quelle scuole c'è sempre, perfino sotto il fascismo c'è stata. Allora, il partito dominante segue un'altra strada (è tutta un'ipotesi teorica, intendiamoci).

Comincia a trascurare le scuole pubbliche, a screditarle, ad impoverirle. Lascia che si anemizzino e comincia a favorire le scuole private. Non tutte le scuole private. Le scuole del suo partito, di quel partito. Ed allora tutte le cure cominciano ad andare a queste scuole private. Cure di denaro e di privilegi. Si comincia persino a consigliare i ragazzi ad andare a queste scuole, perché in fondo sono migliori – si dice – di quelle di stato. E magari si danno dei premi, come ora vi dirò, o si propone di dare dei premi a quei cittadini che saranno disposti a mandare i loro figlioli invece che alle scuole pubbliche alle scuole private. A «quelle» scuole private. Gli esami sono più facili, si studia meno e si riesce meglio. Così la scuola privata diventa una scuola privilegiata. Il partito dominante, non potendo trasformare apertamente le scuole di stato in scuole di partito, manda in malora le scuole di stato per dare la prevalenza alle sue scuole private.

Attenzione, amici, in questo convegno questo è il punto

che bisogna discutere. Attenzione, questa è la ricetta. Bisogna tener d'occhio i cuochi di questa bassa cucina. L'operazione si fa in tre modi: 1) ve l'ho già detto: rovinare le scuole di stato. Lasciare che vadano in malora. Impoverire i loro bilanci. Ignorare i loro bisogni. 2) Attenuare la sorveglianza e il controllo sulle scuole private. Non controllarne la serietà. Lasciare che vi insegnino insegnanti che non hanno i titoli minimi per insegnare. Lasciare che gli esami siano burlette. 3) Dare alle scuole private denaro pubblico. Questo è il punto. *Dare alle scuole private denaro pubblico!* Quest'ultimo è il metodo più pericoloso. È la fase più pericolosa di tutta l'operazione.

[...] Questo dunque è il punto, è il punto più pericoloso del metodo. Denaro di tutti i cittadini, di tutti i contribuenti, di tutti i credenti nelle diverse religioni, di tutti gli appartenenti ai diversi partiti, che invece viene destinato ad alimentare le scuole di una sola religione, di una sola setta, di un solo partito.

Voi vi rendete conto che nella situazione catastrofica in cui si trova la scuola pubblica, si arriva a delle cifre paurose. [...]

In Italia, dove ci sono tanti ragazzi che mancano dell'istruzione fondamentale, ci sono quarantamila maestri disoccupati, perché mancano le scuole!

Dunque in questa situazione tragica, è una follia, è un delitto pensare che lo stato, invece di concentrare nella scuola pubblica tutte le risorse del piccolo bilancio dell'istruzione (piccolo in confronto di altri bilanci che voi sapete quali sono) si metta a distribuire il denaro alle scuole private.

[...] Per prevedere questo pericolo, non ci voleva molta furberia. Durante la Costituente, a prevenirlo nell'articolo 33 della Costituzione fu messa questa disposizione: «Enti e privati hanno diritto di istituire scuole ed istituti di educazione senza onere per lo Stato».

Come sapete questa formula nacque da un compromesso; e come tutte le formule nate da compromessi, offre il destro, oggi, ad interpretazioni sofistiche. [...]

Ma poi c'è un'altra questione che è venuta fuori, che dovrebbe permettere di raggirare la legge. Si tratta di ciò che noi giuristi chiamiamo la «frode alla legge» che è quel *quid* che i clienti chiedono ai causidici di pochi scrupoli, ai quali il cliente si rivolge per sapere come può violare la legge figurando di osservarla [...]. È venuta così fuori l'idea dell'assegno familiare, dell'assegno familiare scolastico.

Il ministro dell'Istruzione al Congresso Internazionale degli Istituti Familiari, disse: la scuola privata deve servire a «stimolare» al massimo le spese non statali per l'insegnamento, ma non bisogna escludere che anche lo stato dia sussidi alle scuole private. Però aggiunse: pensate, se un padre vuol mandare il suo figliolo alla scuola privata, bisogna che paghi tasse. E questo padre è un cittadino

che ha già pagato come contribuente la sua tassa per partecipare alla spesa che lo stato eroga per le scuole pubbliche. Dunque questo povero padre deve pagare due volte la tassa. Allora a questo benemerito cittadino che vuole mandare il figlio alla scuola privata, per sollevarlo da questo doppio onere, si dà un assegno familiare. Chi vuol mandare un suo figlio alla scuola privata, si rivolge quindi allo stato ed ha un sussidio, un assegno.
[...] Il mandare il proprio figlio alla scuola privata è un diritto, lo dice la Costituzione, ma è un diritto il farselo pagare? È un diritto che uno, se vuole, lo esercita, ma a proprie spese. Il cittadino che vuole mandare il figlio alla scuola privata, se la paghi, se no lo mandi alla scuola pubblica.
Per portare un paragone, nel campo della giustizia si potrebbe fare un discorso simile. Voi sapete come per ottenere giustizia ci sono i giudici pubblici; peraltro i cittadini, hanno diritto di fare decidere le loro controversie anche dagli arbitri. Ma l'arbitrato costa caro, spesso costa centinaia di migliaia di lire. Eppure non è mai venuto in mente a un cittadino, che preferisca ai giudici pubblici l'arbitrato, di rivolgersi allo stato per chiedergli un sussidio allo scopo di pagarsi gli arbitri! [...] Dunque questo giuoco degli assegni familiari sarebbe, se fosse adottato, una specie di incitamento pagato a disertare le scuole dello stato e quindi un modo indiretto di favorire certe scuole, un premio per chi manda i figli in certe scuole

private dove si fabbricano non i cittadini e neanche i credenti in una certa religione, che può essere cosa rispettabile, ma si fabbricano gli elettori di un certo partito.

Poi, nella riforma, c'è la questione della parità.

L'articolo 33 della Costituzione nel comma che si riferisce alla parità, dice: «La legge, nel fissare diritti ed obblighi della scuola non statale, che chiede la parità, deve assicurare ad essa piena libertà, un trattamento equipollente a quello delle scuole statali». [...] Parità, sì, ma bisogna ricordarsi che prima di tutto, prima di concedere la parità, lo stato, lo dice lo stesso articolo 33, deve fissare i diritti e gli obblighi della scuola a cui concede questa parità, e ricordare che per un altro comma dello stesso articolo, lo stato ha il compito di dettare le norme generali sulla istruzione. Quindi questa parità non può significare rinuncia a garantire, a controllare la serietà degli studi, i programmi, i titoli degli insegnanti, la serietà delle prove. Bisogna insomma evitare questo nauseante sistema, questo ripugnante sistema che è il favorire nelle scuole la concorrenza al ribasso: che lo stato favorisca non solo la concorrenza della scuola privata con la scuola pubblica ma che lo stato favorisca questa concorrenza favorendo la scuola dove si insegna peggio, con un vero e proprio incoraggiamento ufficiale alla bestialità. [...]

Però questa riforma mi dà l'impressione di quelle figure che erano di moda quando ero ragazzo. In quelle figure si vedevano foreste, alberi, stagni, monti, tutto un groviglio di tralci e di uccelli e di tante altre belle cose e poi sotto c'era scritto: trovate il cacciatore. Allora, a furia di cercare, in un angolino, si trovava il cacciatore con il fucile spianato. Anche nella riforma c'è il cacciatore con il fucile spianato. È la scuola privata che si vuole trasformare in scuola privilegiata. Questo è il punto che conta. Tutto il resto, cifre astronomiche di miliardi, avverrà nell'avvenire lontano, ma la scuola privata, se non state attenti, sarà realtà davvero domani. La scuola privata si trasforma in scuola privilegiata e da qui comincia la scuola totalitaria, la trasformazione da scuola democratica in scuola di partito.

E poi c'è un altro pericolo forse anche più grave. È il pericolo del disfacimento morale della scuola.

Questo senso di sfiducia, di cinismo, più che di scetticismo che si va diffondendo nella scuola, specialmente tra i giovani, è molto significativo. È il tramonto di quelle idee della vecchia scuola di Gaetano Salvemini, di Augusto Monti: la serietà, la precisione, l'onestà, la puntualità. Queste idee semplici. Il fare il proprio dovere, il fare lezione. E che la scuola sia una scuola del carattere, formatrice di coscienze, formatrice di persone oneste e leali. Si va diffondendo l'idea che tutto questo è superato, che non vale più. Oggi valgono appoggi, raccomandazioni, tessere di un partito o di una parrocchia. La religione che è in sé una cosa seria, forse la cosa più seria,

perché la cosa più seria della vita è la morte, diventa uno spregevole pretesto per fare i propri affari.
Questo è il pericolo: disfacimento morale della scuola. Non è la scuola dei preti che ci spaventa, perché cento anni fa c'erano scuole di preti in cui si sapeva insegnare il latino e l'italiano e da cui uscirono uomini come Giosuè Carducci. Quello che soprattutto spaventa sono i disonesti, gli uomini senza carattere, senza fede, senza opinioni. Questi uomini che dieci anni fa erano fascisti, cinque anni fa erano a parole antifascisti, ed ora son tornati, sotto svariati nomi, fascisti nella sostanza cioè profittatori del regime.
E c'è un altro pericolo: di lasciarsi vincere dallo scoramento. Ma non bisogna lasciarsi vincere dallo scoramento. Vedete, fu detto giustamente che chi vinse la guerra del 1918 fu la scuola media italiana, perché quei ragazzi, di cui le salme sono ancora sul Carso, uscivano dalle nostre scuole e dai nostri licei e dalle nostre università. Però guardate anche durante la Liberazione e la Resistenza che cosa è accaduto. È accaduto lo stesso. Ci sono stati professori e maestri che hanno dato esempi mirabili, dal carcere al martirio. Una maestra che per lunghi anni affrontò serenamente la galera fascista è qui tra noi.
E tutti noi, vecchi insegnanti, abbiamo nel cuore qualche nome di nostri studenti che hanno saputo resistere alle torture, che hanno dato il sangue per la libertà d'Ita-

lia. Pensiamo a questi ragazzi nostri che uscirono dalle nostre scuole e pensando a loro, non disperiamo dell'avvenire.
Siamo fedeli alla Resistenza. Bisogna, amici, continuare a difendere nelle scuole la Resistenza e la continuità della coscienza morale.

Le preoccupazioni di Calamandrei per la laicità della scuola e per uno scarso controllo della serietà delle scuole private sono oggi quanto mai attuali, ed è ormai prassi diffusa per le Regioni e i Comuni violare la Costituzione fornendo aiuti finanziari alle famiglie che mandano i loro figli alle scuole private, e sottrarre così fondi alla creazione e arricchimento dei laboratori e anche alla manutenzione delle scuole pubbliche.

A partire dal 2000, ogni tre anni il progetto PISA (Programme for International Student Assessment) indetto dall'OCSE (Organizzazione per la Cooperazione e lo Sviluppo Economico) esamina le competenze acquisite da studenti quindicenni nell'ambito della lettura, della matematica e delle scienze nei vari Paesi che hanno aderito – cioè 32 nel 2000, 41 nel 2003, saliti poi a 57 nel 2006 e 66 nel 2009.

I dati dell'ultima rilevazione non sono ancora disponibili nel momento in cui sto scrivendo, ma già

PISA 2006 ha fornito utili indicazioni. Complessivamente l'Italia risulta al di sotto della media OCSE: la situazione non è disastrosa nel Centro-Nord, mentre diventa grave nel Sud e nelle isole. Ancora una volta si deve prendere atto dell'esistenza di due Italie: il Nord-Est è in testa alla graduatoria con risultati complessivamente superiori alla media OCSE, seguito a poca distanza dal Nord-Ovest; arranca il Centro, soprattutto nella competenza matematica e scientifica, mentre il Sud e le isole sono ben al di sotto della media. Un'importante variabile è costituita dalla tipologia di scuola: gli studenti dei licei raggiungono e superano, talvolta brillantemente, i coetanei europei, mentre la preparazione negli istituti tecnici e professionali è decisamente inferiore; nel resto d'Europa il divario tra gli istituti superiori è molto più contenuto [si vedano in Appendice i grafici 1 e 2].

In controtendenza con un quadro generale così preoccupante, l'attuale ministro dell'Istruzione Mariastella Gelmini ha accettato tagli insopportabili alle scuole di ogni ordine e grado, ha ridotto drasticamente non solo le risorse, ma anche il numero degli insegnanti e delle ore di lezione.

Che rimedio ha proposto per fronteggiare la scarsa preparazione dei nostri studenti?

Quello di incentivare le scuole private dando un bonus alle famiglie che le preferiscano alle pubbliche:

«Costituzione alla mano» argomenta il ministro, «voglio che tutti abbiano il diritto di scegliere se andare alla scuola pubblica o alla scuola paritaria».[1] Così invece di migliorare le scuole pubbliche, si propone in nome di una presunta libertà di favorire le private che, pur di attirare più studenti, sono notoriamente di manica larga, e hanno docenti spesso sottopagati e alle prime armi.

I laboratori nelle scuole elementari e medie sono fondamentali per avvicinare i giovani alla scienza; laboratori in cui essi possono mettere mano, organizzare esperimenti e non solo limitarsi a guardare passivamente quello che fanno maestri e professori. Per raggiungere questo scopo non sono necessarie grandi somme, bastano l'inventiva e l'entusiasmo di docenti appassionati di scienza. Parlo con cognizione di causa dopo aver visto e visitato le scuole elementari di un piccolo paese in provincia di Pordenone, Montereale Valcellina, dove alcune maestre hanno realizzato insieme ai bambini un laboratorio completo con esperimenti di acustica, ottica, elettricità, concetto di onda e modelli di propagazione delle onde, utilizzando soltanto materiale di scarto a costo zero: da una serie di bottiglie riempite di acqua a diverse altezze, che percosse formano un semplice strumento musicale, a una camera oscura realizzata in uno stanzino buio dove la luce del sole penetra attraverso un minuscolo forellino; da una bicicletta la cui dinamo è collegata a una serie di lampadine che, sotto l'azione delle energiche pedalate dei bambini, illumina un villaggio di cartapesta, a un laghetto in miniatura in cui osservare la propagazione delle onde e il loro rifrangersi sulla riva.

Si può insegnare e imparare la fisica divertendosi. Lo dimostrano alcuni libri che spiegano i comportamenti delle più varie specie animali attraverso le leggi della fisica. Geniali esempi sono *La fisica del miao* e *La fisica del bau* di Monica Marelli,[2] laureata in fisica e divulgatrice.

Molti altri esempi di buona divulgazione «attiva» li incontriamo nei vari musei interattivi che per fortuna cominciano a comparire in varie città e sono sempre più frequentati dalle scuole, primo fra questi l'Immaginario Scientifico fondato a Trieste dal fisico Paolo Budinich e seguito quasi subito da quello di Napoli situato a Bagnoli, nato per iniziativa di un altro fisico, Vittorio Silvestrini, oltre a piccoli e grandi planetari.

Anche nel profondo Sud, dove in media il livello degli studenti è più basso, ci sono isole virtuose. Un piccolo paese sulle colline in provincia di Palermo, Roccapalumba – col suo planetario, i telescopi di una benemerita e attiva astrofila locale e le iniziative culturali sponsorizzate da un sindaco e un'amministrazione comunale consapevoli dell'importanza della scienza – è diventato un centro culturale per tutte le scuole dei paesi vicini e si è guadagnato l'appellativo di «Paese delle stelle».

Questi virtuosi tentativi di avvicinare alla scienza i nostri più giovani concittadini basteranno a cancellare il disinteresse o peggio la diffidenza per la cultura scientifica? Sopravvive tuttora, anche per colpa di Benedetto Croce e Giovanni Gentile, il pregiudizio che vede nella scienza una forma di cultura minore, rispetto alla Cultura con la C maiuscola che era quella umanistica. La loro influenza è ancora profonda nella scuola: il liceo classico è considerato il più formativo, anche rispetto al liceo scientifico, nel quale comunque le ore dedicate all'insegnamento delle materie umanistiche superano di gran lunga quelle dedicate alla matematica e alla fisica. Persino sui giornali talvolta le pagine della cultura e della scienza – quando compaiono! – sono separate, come se la scienza non fosse cultura.

Per Croce in particolare esiste una forma di cultura elevata, quella umanistica, che si contrappone alla scienza, considerata un mero insieme di tecnologie; secondo lui solo le menti profonde sono in grado di dedicarsi alla filosofia, mentre «gli ingegni minuti» possono occuparsi di matematica o di botanica.

Quanto queste idee siano sbagliate ce lo dimostra l'opera di Albert Einstein, che è in grado di immaginare realtà così lontane dalla nostra esperienza quotidiana, come il fatto, verificato dalle osservazioni, che tempo e spazio non sono entità assolute, uguali per tutti, ma dipendenti dalla velocità di un osservatore rispetto a un altro, o le intuizioni di Max Planck, che danno origine alla fisica quantistica e a tutta una nuova concezione della materia e dell'energia. E se andiamo quattro secoli indietro, arriviamo ai tempi di Galileo Galilei e di Giovanni Keplero. Il primo con le sue osservazioni al cannocchiale scopre le montagne e le pianure lunari e dimostra che la Luna è un corpo materiale come la Terra e non costituito, come pensava Aristotele, di una materia eterea e perfetta.

Il suo contemporaneo Keplero utilizza le numerose e accurate osservazioni dei moti dei pianeti fatte dal suo maestro Tycho Brahe e scopre che le orbite sono ellissi e non circoli, ritenuti le figure geometriche perfette e quindi le uniche possibili per i corpi celesti. Accetta il risultato delle osservazioni come tale, al contrario dei suoi predecessori che per giustificare i dati che non collimano con la teoria si sono inventati che i pianeti ruotano su circoletti – gli epicicli – i quali a loro volta ruotano su orbite perfettamente circolari.

Questi grandi scienziati sono stati anche profondi

filosofi che hanno rivoluzionato le nostre concezioni del mondo. Allora ci domandiamo se ha senso parlare di due culture, l'umanistica e la scientifica: dov'è il confine fra l'una e l'altra?

Il semianalfabetismo o addirittura analfabetismo scientifico spiegano tante paure irrazionali e la credulità in pseudoscienze come l'astrologia, il paranormale, il creazionismo.

La scarsa considerazione che la nostra classe politica e in particolare quella più recente riserva all'istruzione, all'università e alla ricerca è la conseguenza del basso livello culturale della gran maggioranza degli eletti in Parlamento.

Un fulgido esempio di questa incultura ci è stato offerto dall'onorevole Gabriella Carlucci che, autoproclamandosi esperta di fisica, ha avuto il coraggio di giudicare severamente il valore scientifico di un fisico di fama internazionale come Luciano Maiani, o le nomine del primo governo Berlusconi che per lo «spoil system» ha sostituito i presidenti di importanti enti senza nessuna consultazione con gli addetti ai lavori.

Come se non bastasse, anche il papa si permette di accusare gli scienziati di essere arroganti e avidi: «La scienza moderna a volte segue solo il facile guadagno e tenta di sostituirsi al Creatore con arroganza, senza essere in grado di elaborare principi etici, mettendo in grave pericolo la stessa umanità».[3] E, dati alla mano, gli scienziati italiani proprio non si meritano queste accuse: a più di trent'anni un ricercatore arriva a uno stipendio di poco superiore ai 1000 euro al mese, e un professore ordinario alla fine della carriera non supera gli 80.000 euro lordi all'anno. Questo in moneta sonante è il valore che l'Italia riconosce alla cultura, alla ricerca e alla tanto celebrata innovazione che evidentemente riempie le bocche ma non le tasche.

Scuola e università nell'Italia degli anni Trenta

Era l'anno scolastico 1931-32, facevo la V^{a} elementare. Ero in una classe di 34 bambine, alla scuola comunale Niccolò Acciaiuoli di San Gaggio, in via Senese a Firenze, un vecchio convento adattato alla meglio alla nuova funzione, con grandi terrazze dove facevamo la ricreazione. A giugno la maestra Borromeo – un donnone gioviale, che nutriva una vera passione per il suo lavoro perché aveva sempre qualche nuova trovata per attrarre il nostro interesse alla geografia come all'aritmetica, alla storia come all'italiano – decise di invitare a casa sua quelle di noi che sarebbero andate alle medie per prepararci all'esame di ammissione.

La riforma Gentile aveva formalmente alzato l'obbligo scolastico a 14 anni, ma il provvedimento non ebbe effetto pratico. Anche noi, su 34 bambine ci trovammo a proseguire gli studi in cinque o sei. Tutte le altre sarebbero andate a lavorare o sarebbero rimaste a casa ad aiutare la mamma. Era una società in gran maggioranza contadina, dove a scuola si imparava «a leggere, scrivere e far di conto»; a undici anni si entrava nel mondo degli adulti e spesso si diventava analfabeti di ritorno. Solo una minoranza continuava gli studi; molti andavano alle professionali, alle commerciali, alle magistrali, e dopo tre o cinque anni ne uscivano con un diploma di scuola media inferiore o superiore. Solo il ginnasio liceo classico apriva le porte a tutte le facoltà universitarie, lo scientifico alla maggior parte, con l'eccezione di lettere, filosofia e giurisprudenza, le magistrali solo al magistero. La vita futura di un bambino veniva in pratica decisa al momento della scelta della scuola secondaria e dipendeva fortemente dalle condizioni familiari. Val la pena di ricordare che il ministro Letizia Moratti ha fatto un tentativo, per fortuna fallito, di riportarci indietro agli anni Trenta quando ha proposto di anticipare la scelta obbligata della scuola già all'età di 13 anni.

La maggioranza degli alunni al ginnasio proveniva da famiglie di professionisti, insegnanti o comunque dell'alta borghesia. In prima ginnasio, solo io e altri quattro o cinque compagni appartenevamo alla piccola borghesia ed eravamo guardati con un certo disprezzo: anche a 11 anni la separazione classista si faceva sentire. Ecco dunque com'era l'università di quegli anni: per pochi privilegiati, in gran maggioranza figli di papà e soltanto alcuni, come me, figli di genitori non laureati.

Il mio babbo, che aveva solo il diploma di contabile, aveva letto però moltissimi libri di scienza e di filosofia; la mamma aveva il diploma di maestra e anche dell'accademia delle belle arti. Entrambi coltivavano tanti interessi culturali, si rendevano conto dell'importanza della cultura e anche a costo di grandi sacrifici speravano di farmi arrivare a quel traguardo per pochi che era allora la laurea, e perché avessi la massima libertà di scelta mi iscrissero al classico.

A giugno, finita la terza liceo, ci aspettava l'esame di maturità, che aveva terrorizzato molte generazioni di studenti, perché dovevamo essere preparati su tutte le materie degli ultimi tre anni. Gli scritti duravano quattro giorni, con il tema di italiano, la versione dall'italiano al latino, quella dal latino all'italiano, e infine la versione dal greco in italiano. La settimana dopo iniziavano gli orali, con una lunga interrogazione sulle materie letterarie e un'altra su quelle scientifiche. Avremmo finito solo verso la metà di luglio. Ricordo che nel '39 andammo ad assistere agli esami, che erano pubblici, dei nostri compagni più vecchi di un anno, per sapere a cosa saremmo andati incontro. Ma l'anno dopo, il 10 giugno del 1940, l'Italia entrò in guerra, e nella disgrazia dell'alleanza nazifascista, avemmo la fortuna che non ci furono gli esami di maturità: fummo promossi o bocciati con i voti dello scrutinio dell'ultimo trimestre.

Si poneva ora il problema della scelta della facoltà. Io non sapevo niente dell'università, nemmeno quali e quante fossero le facoltà. Allora non c'erano, come oggi, seminari per i maturandi, per informarli sulle materie che avrebbero dovuto studiare, quanti erano gli anni di corso, quali e quanti gli esami, quali opportunità si sarebbero aperte dopo la laurea. I miei avevano parecchi amici, alcuni dei quali laureati, altri insegnanti alle scuole medie. Quasi tutti erano laureati in lettere, anzi in «belle lettere» come si diceva allora. Fu così che senza nessuna riflessione, senza nessuna conoscenza dell'università, mi iscrissi a lettere, perché era l'unica facoltà di cui avevo sentito parlare, e che mi avrebbe aperto la strada dell'insegnamento.

Per fortuna, dopo avere assistito a un'ora di lezione di letteratura italiana ed essermi finalmente ricordata che al liceo di tutte le materie quelle che mi interessavano davvero erano la fisica e la matematica, decisi di cambiare e mi iscrissi al corso di laurea in fisica. E solo allora seppi che il corso durava quattro anni e quanti e quali esami dovevo dare ogni anno.

Solo allora seppi che c'erano i Professori, con la P maiuscola, e gli assistenti, con la a molto minuscola.

L'università italiana: luci e ombre

L'università che ho conosciuto io da studente è rimasta la stessa per almeno venti anni. Fino alla fine degli anni Cinquanta è stata una scuola per pochi e i docenti erano i professori ordinari e i loro assistenti. I concorsi nazionali per ordinario erano banditi dall'università che aveva una cattedra vacante, su cui veniva chiamato il vincitore, primo di una terna: gli altri due potevano essere chiamati da altre università, qualora si rendesse vacante una cattedra entro un certo lasso di tempo. L'assistente era il vincitore di un concorso locale; se entro dieci anni non aveva svolto sufficiente attività di ricerca, tale da potere ottenere la libera docenza, doveva lasciare l'università. Gli era comunque assicurato un posto alle scuole medie o in un altro ufficio pubblico. Il vincitore di concorso a cattedra aveva un periodo di tre anni di straordinariato, al termine del quale una commissione di ordinari della sua materia o di materia affine giudicava la sua attività didattica e di ricerca per promuoverlo a ordinario. Ma come diceva un mio collega fiorentino, «perché uno non ottenesse l'ordinariato occorreva come minimo che avesse ammazzato il padre e la madre».

Organi d'ateneo erano il rettore, il Senato accademico, formato dai soli presidi di facoltà, e il Consiglio di amministrazione.

Le facoltà erano responsabili della didattica dei vari corsi di laurea; facevano parte del Consiglio di facoltà i soli professori ordinari e straordinari.

La ricerca era condotta nei singoli istituti, che non avevano nessuna autonomia amministrativa, e il direttore era eletto dai vari professori ordinari e straordinari. Gli istituti più grandi erano pluricattedra e generalmente i professori si alternavano alla direzione, assicurando una gestione più aperta e democratica: era il caso, per esempio nelle facoltà di scienze matematiche, fisiche e naturali, degli istituti di fisica, di chimica, di matematica, mentre i piccoli istituti, come quelli di astronomia o di geologia dove c'era un solo cattedratico che dirigeva l'istituto per qualche decennio, finivano per diventare dei veri e propri feudi. Infine, di anno in anno il Consiglio di facoltà poteva assegnare insegnamenti ai cosiddetti professori incaricati – che potevano essere assistenti, oppure esperti della materia esterni all'università – che in questo modo venivano a trovarsi in uno stato di sudditanza rispetto ai membri del Consiglio stesso.

Nella nuova Repubblica italiana, appena uscita dal referendum del 2 giugno 1946, c'è una gran voglia di capire, di conoscere come funziona la democrazia, la storia dei vari partiti, quelli vecchi e quelli nuovi; si fondano circoli culturali, escono nuovi giornali e riviste, c'è insomma voglia di cultura e di confrontare le proprie opinioni con gli altri. Cinque anni di scuola elementare non bastano più, l'obbligo scolastico sale di altri tre anni e questa volta per davvero: ha inizio la nuova scuola media uguale per tutti, dopo la quale si può decidere se smettere o continuare, iscrivendosi agli istituti tecnici o ai licei. Alla fine degli anni Sessanta, anche in conseguenza dei moti studenteschi del '68, l'università diventa di massa. La richiesta di diritti e di libertà proveniente soprattutto dagli studenti comincia a contagiare anche i docenti più giovani e i professori di mentalità più aperta. È necessaria una trasformazione: incaricati e assistenti non accettano più il ruolo subalterno che hanno sempre avuto, pretendono di intervenire a pieno titolo sulle questioni didattiche e sui programmi di ricerca. I professori incaricati vengono «stabilizzati» ed entrano a far parte del Consiglio di facoltà.

Nel 1980 ecco la prima riforma organica dell'università con il decreto 382 che, se fosse stato applicato in pieno, sarebbe potuto diventare una buona legge. È chiaramente ispirato all'organizzazione universitaria degli Stati Uniti, dove lo studente ottiene il *Bachelor's Degree*, generalmente in quattro anni, senza tesi di laurea, e il Ph.D. (abbreviazione del latino *Philosophiae Doctor*), corrispondente al nostro dottorato, in tre o più anni. I professori di una stessa area disciplinare fanno parte del dipartimento. La carriera va da *assistant professor* ad *associate professor* a *full professor*; ogni *professor* costituisce un suo gruppo autonomo di ricerca con i propri dottorandi e *post doc* (borsisti).

Il decreto 382 stabilisce tre gradi di docenza con contratto a tempo indeterminato: il ricercatore universitario – assunto con concorso locale – il cui compito principale è la ricerca; il professore associato e il professore ordinario, che entrano con concorso nazionale e sono preposti all'insegnamento.

È previsto un concorso nazionale biennale per associati o per ordinari, alternando quello per associati a quello per ordinari, quindi uno ogni quattro anni per l'uno e per l'altro. Questa periodicità nella pratica non viene mai rispettata e i tempi fra un concorso e l'altro si allungano anche in modo insopportabile.

Con questa riforma si istituisce il dottorato di ricerca che dovrebbe essere condizione necessaria per concorrere a un posto da ricercatore, e invece rimane un titolo più o meno onorifico.

Vengono istituiti inoltre i dipartimenti, il cui compito principale è la ricerca e diventano quindi anche il luogo in cui laureandi e dottorandi vengono associati ai vari gruppi di ricerca, mentre la didattica viene discussa e organizzata nei corsi di laurea.

Il Consiglio di facoltà è allargato a tutti i professori associati e a una rappresentanza dei ricercatori e degli studenti, rendendo il potere degli ordinari meno assoluto.

La nuova organizzazione dell'università pone il problema di quale possa essere il futuro per le centinaia di professori incaricati stabilizzati, e la soluzione è istituire per ogni raggruppamento di discipline affini una serie di commissioni di ordinari con il compito di valutare, in base ai titoli didattici e scientifici, l'idoneità alla nomina ad associato.

In alcune università e soprattutto in alcuni campi di ricerca i giudizi sono abbastanza rigorosi, ma nella maggior parte dei casi c'è un'immissione in massa che satura per molti anni i ruoli universitari, precludendo l'ingresso ai giovani e abbassando il livello sia della didattica sia della ricerca. Quella che avrebbe dovuto essere una piramide, con una larga base di ricercatori che si restringe fino a uno stretto vertice di ordinari, diventa una specie di botticella, con una base striminzita, una larga fascia centrale e di nuovo un vertice ridotto.

Nella mente del legislatore i ricercatori dovrebbero dedicarsi prevalentemente alla ricerca. È difatti un dato statistico ben accertato che sono i giovani a fare le maggiori scoperte, soprattutto in campo scientifico. Invece, all'atto pratico, i ricercatori sono spesso caricati dei compiti didattici più pesanti e ripetitivi, come i corsi propedeutici alle matricole o i vari laboratori, cosicché il tempo da dedicare alla ricerca è in molti casi ridotto al minimo.

Anche i ricercatori hanno un periodo di tre anni prima di essere confermati, ma quanto vale per i professori straordinari è sempre valso anche per i ricercatori.

Tra il 1989 e il 1990, sotto il ministro Antonio Ruberti, viene sancita l'autonomia finanziaria delle università. Da allora ogni università riceve un contributo ministeriale per il funzionamento ordinario, a cui si aggiungono i fondi derivanti dalle tasse degli studenti e dai contributi privati. Anche i dipartimenti possono ottenere finanziamenti per ricerche da committenti esterni, opportunità valida soprattutto per i dipartimenti di scienze applicate, come quelli di ingegneria o di chimica industriale. I fondi per il funzionamento ordinario dovrebbero attribuirsi secondo una valutazione delle attività di ricerca e didattica. È un principio fondamentale, di cui si discute animatamente ma che finora non è stato mai attuato; un primo tentativo lo fa il ministro Gelmini, ma non si sa ancora bene con quali criteri di giudizio, che potranno comunque essere migliorati in base all'esperienza.

Secondo il decreto legge 180/2008, le università non possono spendere più del 90 per cento del fondo ordinario per il personale, regola che solo le cosiddette università virtuose – pochissime – rispettano. D'altra parte va ricordato che gli aumenti di stipendio fissati per legge in sede nazionale vanno a ricadere sul bilancio delle singole università, senza che sia previsto un adeguato aumento dei fondi statali.

Risvolto negativo dell'università di massa italiana è stata l'accentuazione del suo più grave difetto: l'aumento degli studenti fuoricorso. Non solo la metà degli iscritti abbandona gli studi, con il risultato che i laureati sono troppo pochi rispetto alle necessità di una società moderna, ma sembra ormai diventata regola generale laurearsi con più di un anno di ritardo. A differenza di molte università straniere, lo studente bocciato a un esame può ripresentarsi alla sessione successiva per un numero indeterminato di volte, raggiungendo l'agognato pezzo di carta a trent'anni e oltre.

Il fenomeno dei fuoricorso era molto meno marcato prima del '68, probabilmente perché chi si iscriveva allora o era molto determinato e deciso a finire gli studi nel più breve tempo possibile o proveniva da famiglie di laureati e aveva sempre saputo che quella era la fase finale obbligatoria dei suoi studi. Con l'apertura a tutti i diplomati, molti entrano all'università anche in mancanza di uno specifico interesse, magari mentre già lavorano o sono in attesa di un impiego: il titolo può sempre tornare utile, si dice, e comunque le tasse non sono proibitive. Poi le regole sono molto più blande: gli esami non si tengono più soltanto a giugno-luglio e settembre-ottobre, le sessioni si sono moltiplicate, spesso basta accordarsi col docente per fare l'esame quando si vuole, ripetendolo più volte in caso di fallimento o di voto non soddisfacente. Così per tanti l'università è diventata un parcheggio in attesa di trovare un lavoro.

Le ultime riforme

Per rimediare al problema degli studenti fuoricorso o rinunciatari, all'inizio degli anni Duemila arriva la riforma Berlinguer, detta del «3 più 2». Lo scopo è di uniformare gli studi universitari in Europa secondo lo stesso schema: laurea magistrale in tre anni, seguita dalla specialistica in due, infine tre o più anni per conseguire il dottorato di ricerca, rivolto alla preparazione di ricercatori, o per le scuole di specializzazione, come quelle di medicina, ingegneria eccetera.

Per molte professioni che non richiedono una formazione approfondita, la laurea triennale ha portato un leggero aumento del numero di studenti che ottengono il titolo, ma anche un abbassamento della qualità dei corsi. Oltre al risultato degli esami, per misurare la preparazione vengono impiegati i cosiddetti «Crediti Formativi Universitari» (CFU), che si basano sulla valutazione, molto soggettiva, delle ore di frequenza a lezioni e laboratori, sulle attività esterne (stage e tirocini) e sullo studio a casa. La principale critica a questa riforma, secondo studenti e docenti, è la frammentazione dei vecchi corsi che duravano un intero anno accademico, in tanti piccoli corsi di poche ore seguiti da immediata verifica con esami molto simili alle interrogazioni liceali.

La minor efficacia formativa di questo sistema è compensata solo in parte dalla riduzione degli abbandoni e del numero di studenti fuoricorso. Al momento dell'attuazione generalizzata del 3 più 2, si è registrato un incremento di immatricolazioni, e l'aumento sia dei laureati in corso sia dei laureati in ritardo di un solo anno. Il fenomeno incoraggiante, registrato appena la riforma è entrata in vigore, sembra però in calo: già nel 2007 i laureati regolari erano solo il 29,9 per cento (34,8 per cento nel 2005), fuoricorso di un anno il 30,4 per cento (40,6 per cento nel 2005), a fronte dei fuoricorso di due anni saliti dall'11,5 per cento del 2005 al 17,9 per cento del 2007.[1] Serviranno comunque tempi più lunghi per valutare l'effettivo impatto della riforma del 3 più 2.

Nel 2005, col ministro Moratti la legge 230 per l'inserimento del personale docente prevede concorsi nazionali per conseguire l'idoneità a professore associato e ordinario, e concorsi locali a cui possono partecipare gli idonei. Inoltre dal 2013 dovrebbero sparire i ricercatori a tempo indeterminato, sostituiti da contratti di sei anni. Però la legge 230 non è mai stata applicata. Di nuovo si riparla della brillante idea di abolire il ruolo dei ricercatori e sostituirli con borsisti o contratti a termine. Sarebbe un grossissimo sbaglio. Due anni per ottenere la laurea specialistica, tre per il dottorato, altri da precario in attesa di un concorso, e infine quelli come ricercatore non confermato non sono sufficienti per accertare le attitudini di un giovane (o meglio ex giovane) alla ricerca? Io penso di sì. Piuttosto la conferma a ricercatore dovrebbe diventare una cosa seria e non una pura formalità. E lo stesso dovrebbe avvenire per il passaggio da professore straordinario a ordinario. Le leggi per liberarsi dei poco o nullafacenti ci sono, basterebbe applicarle.

Si parla e si scrive molto a proposito di numerosi episodi di malcostume delle nostre università, in cui, soprattutto nel caso di discipline che hanno sbocchi professionali molto redditizi, si verificano frequentemente episodi di nepotismo, con intere famiglie che occupano cattedre universitarie.

Questi sono casi anche abbastanza numerosi in certi atenei, ma non si può fare di tutta l'erba un fascio; esistono università eccellenti da cui escono ricercatori che, costretti a emigrare, ottengono posizioni di rilievo, a riprova che l'insegnamento è spesso di ottimo livello.

Qualcuno ha proposto di introdurre norme che

impediscano di assumere nella stessa università i congiunti di professori o ricercatori, come succede per esempio in Inghilterra. Questo però può portare a eccessi di segno opposto. Conosco personalmente una coppia di colleghi inglesi, ambedue eccellenti astrofisici: poiché lui ha una posizione equivalente al nostro professore ordinario presso l'osservatorio di Greenwich, la moglie non ha mai potuto ottenere una posizione stabile e ha svolto le sue ricerche concorrendo ogni anno a borse di studio o contratti a termine. Essere coniugi o figli di un professore ordinario non deve favorire in nessun modo la carriera, ma nemmeno penalizzarla.

Nel 2008-09, sotto il ministro Gelmini, abbiamo assistito a un vero e proprio tentativo di smantellare l'università pubblica. La crisi economica a livello globale è stata la scusa per effettuare drastici tagli di bilancio alle scuole e all'università. Come sempre nel nostro Paese quando si deve tagliare, si tagliano la cultura e la ricerca, ritenute evidentemente un inutile lusso.

È stata proposta poi una vera e propria privatizzazione delle università, lasciando a ognuna la facoltà di deliberare la propria trasformazione in fondazioni di diritto privato. Il decreto Tremonti del 2008 ha previsto anche forti limitazioni alla possibilità di bandire concorsi per sostituire i docenti che vanno in pensione.

Un'università privata può anche essere ottima, come la Bocconi, che certamente però non è alla portata dei meno abbienti, o come la Cattolica, che specialmente in certi campi dà una formazione viziata da condizionamenti religiosi. C'è poi il rischio che in questo modo si moltiplichino le piccole università private.

Il fenomeno delle microuniversità riguarda anche il settore pubblico: negli ultimi anni abbiamo visto spuntare come funghi nuovi atenei o istituti alle dipendenze di università maggiori in numerose città di provincia, nate soprattutto per soddisfare le ambizioni di qualche onorevole locale [si veda in Appendice il grafico 3]. Sono luoghi in cui mancano laboratori, biblioteche, una vera tradizione universitaria e dove i docenti sono tutti o quasi pendolari che in due giorni riescono a incastrare anche otto lezioni, per poi scappare via senza offrire agli studenti nessuna possibilità di interazione. Questo sistema ha portato a un grande sperpero di risorse e a un abbassamento del livello degli studi. Invece di destinare le risorse per borse di studio e case per i fuorisede in modo da portare gli studenti alle università, si è fatto il contrario: si sono portate le università agli studenti.

La riforma Gelmini, avviata nel 2008, ha subito numerose critiche, che in parte dipendeno dai condizionamenti e dai tagli imposti dalla legge finanziaria.

La riforma insiste sulla necessità di una più severa valutazione dell'attività scientifica dei docenti e delle università nel loro insieme, e prevede la possibilità di dare finanziamenti aggiuntivi agli atenei migliori. Il compito di indicare gli istituti meritevoli spetterebbe, tra gli altri, al Comitato di Indirizzo per la Valutazione della Ricerca (CIVR), al Comitato Nazionale per la Valutazione del Sistema Universitario (CNVSU) e alla nuova Anagrafe Nazionale Nominativa dei professori ordinari, associati e dei ricercatori, in cui dovrebbero essere registrati e resi pubblici i risultati e il numero delle pubblicazioni di valore internazionale.

Certo che criteri per giudicare la qualità della ricerca sono abbastanza difficili da individuare. Più che sul numero di pubblicazioni occorre basarsi sulla qualità. Un'indicazione abbastanza oggettiva è data dalla rivista che ha accettato la pubblicazione: in generale quelle a grande diffusione internazionale hanno comitati di esperti (*referee*) che anonimamente giudicano i lavori inviati per la pubblicazione e l'accettazione è già garanzia di qualità. Anche l'*impact factor*, cioè il numero di studi che citano un determinato contributo, è un indice della sua importanza in un certo campo di ricerca.

Le norme per il reclutamento prevedono concorsi nazionali per l'abilitazione con cadenza biennale per ordinari e associati e annuale per ricercatori. Le commissioni valuteranno non solo le pubblicazioni scientifiche dei candidati, ma per gli ordinari e associati anche le capacità didattiche. A questo fine, dopo aver accertato l'idoneità scientifica, i candidati dovranno sostenere una lezione pubblica. Si torna dunque più o meno alle condizioni che erano una volta necessarie per ottenere la libera docenza, che era considerata *condicio sine qua non* per accedere ai concorsi a cattedra.

Spetterebbe alle università pescare nella lista degli idonei i candidati più adatti ai progetti didattici e di ricerca di un dato dipartimento; a loro volta, gli stessi «idonei» potrebbero proporre agli atenei i loro progetti, magari diversi da quelli esistenti e rispondenti alle nuove esigenze di formazione o di sviluppo per la ricerca di base o applicata.

La libera scelta in base a criteri di idoneità ricalca il sistema esistente negli Stati Uniti, ma siamo sicuri che funzionerebbe anche in Italia? Io temo di no, perché lascerebbe mano ancora più libera per scegliere in base alle amicizie, alle raccomandazioni, agli accordi fra cattedratici del tipo «io sistemo il tuo protetto e tu sistemi il mio». I concorsi, per quanto possano essere viziati, restano comunque più facili da sorvegliare, perché in una commissione di cinque persone è difficile trovare un accordo che soddisfi tutti. Inoltre sarebbe sempre possibile formare commissioni escludendo persone direttamente interessate a sistemare i propri allievi, o includendo membri stranieri senza tornaconti personali.

La legge prevede anche di bloccare il malcostume del nepotismo: un coniuge, un convivente, un parente o affine entro il secondo grado non può essere chiamato sullo stesso settore scientifico-disciplinare, ovvero su un settore affine della struttura da cui dipende l'altro.

Se in astratto la norma è giustissima, in concreto non tiene conto che sono sempre più frequenti i casi di giovani studiosi, compagni fin dall'università, che collaborano negli stessi programmi di ricerca e superano insieme le prove di accesso alla carriera universitaria. La norma andrebbe presa *cum grano salis*, valutando seriamente le capacità e l'indipendenza delle persone coinvolte, senza interrompere per legge quella che è una collaborazione scientifica fra pari. Ben diverso è il caso di figli e figlie, generi e nuore del cattedratico che talvolta affollano il suo dipartimento.

La legge 133/2008

Facciamo un passo indietro. Nel giugno 2008 su proposta del ministro del Tesoro Giulio Tremonti, il Consiglio dei ministri approva il decreto legge 112 che concerne *Disposizioni urgenti per lo sviluppo economico, la semplificazione, la competitività, la stabilizzazione della finanza pubblica e la perequazione tributaria.* In agosto il decreto diventa la scellerata legge 133/2008, che potrebbe affondare completamente quel tanto di buono che c'è nelle nostre università.

Ecco perché.

1) Il taglio dei finanziamenti ministeriali a un sistema già sottofinanziato avviene in misura inaccettabile, e cioè: 63,5 milioni di euro per il 2009, 190 per il 2010, 316 per il 2011, 417 per il 2012, 455 per il 2013, cioè da una riduzione dell'un per cento nel 2009 fino a quasi l'otto per cento nel 2013. Per confronto va tenuto presente che la spesa media per studente universitario è 8725 dollari, contro gli 11.568

della Francia, i 13.016 della Germania, i 15.447 dell'Inghilterra, e una media OCSE di 12.336.[1]

Questi drastici tagli avranno per conseguenza una riduzione sia dei servizi per gli studenti (già scarsi: basti pensare a mense, alloggi, biblioteche e laboratori), sia delle attività di ricerca.

Il rimedio a cui stanno lavorando le varie proposte di riforma è passare dalla distribuzione a pioggia dei fondi a una commisurata al livello qualitativo, ma in attesa che questo sistema di valutazione arrivi che facciamo? È come se non dessimo l'acqua del rubinetto a un assetato moribondo per andare a cercare una qualche fonte miracolosa.

2) La riduzione del turnover del personale: nel 2009 si potrà assumere un nuovo docente ogni dieci pensionati, nel 2010 e 2011 uno su cinque, e nel 2012 uno su due.

Eppure il rapporto fra studenti e docenti è di 15 negli Stati Uniti, 12 in Germania, 17 in Francia, 18 in Inghilterra, con una media OCSE di 15 e ben 20 in Italia.[2] Quindi casomai si dovrebbe aumentare e non diminuire il numero di docenti. Logica conseguenza sarà che un docente dovrà dedicare più tempo alla didattica a discapito della ricerca se vuole mantenere lo stesso livello di insegnamento, o al contrario sacrificherà la prima a favore della seconda. Con quale vantaggio per gli studenti è facile immaginarlo.

3) La possibilità che le università si trasformino in fondazioni per raccogliere finanziamenti privati le priverà della loro natura pubblica, cancellando il diritto allo studio per «i capaci e meritevoli, anche se privi di mezzi» come recita l'articolo 34 della Costituzione.

Insomma, in una fase di difficoltà economiche, in cui i maggiori Paesi vedono come rimedio accrescere l'impegno in innovazione, ricerca, istruzione – in una parola nella conoscenza – l'Italia va in controtendenza e taglia proprio quelle spese che potrebbero farla uscire dalla crisi.

Dell'importanza della ricerca se ne rende ben conto Barack Obama, presidente di un Paese che ha sempre dedicato ingenti risorse, pubbliche ma ancor più private, alla scienza. Malgrado la gravità della crisi che ha colpito gli Stati Uniti, in un discorso tenuto nell'aprile 2009 alla National Academy of Sciences, Obama ha infatti dichiarato:

> In un momento difficile come il presente, c'è chi dice che non possiamo permetterci di investire in ricerca, che sostenere la scienza è un lusso quando bisogna dare priorità a ciò che è assolutamente necessario. Sono di opinione opposta. Oggi la ricerca è più essenziale che mai alla nostra prosperità, sicurezza, salute, ambiente, qualità della vita. [...] Per reagire alla crisi, oggi è il momento giusto per investire molto più di quanto si sia mai

> fatto nella ricerca applicata e nella ricerca di base, anche se in qualche caso i risultati si potranno vedere solo fra dieci anni o più: [...] i finanziamenti pubblici sono essenziali proprio dove i privati non osano rischiare.[3]

Una politica lungimirante, quella di Obama, esattamente l'opposto di quella miope del governo Berlusconi e dei suoi ministri Tremonti e Gelmini. Se questa volta la scusa per i drastici tagli alle scuole, alle università, agli enti di ricerca è stata la crisi economica a livello mondiale, altrettanto non può dirsi delle proposte avanzate nel 2001 sempre dal governo Berlusconi. Sull'«Unità» del 2 gennaio 2002 scrivevo:

> È il 22 dicembre 2001, teatro di Palazzo Madama: Va in scena l'operetta «Il Presidente». Scenario: grande padellone metallico in stile Usa che come un'aureola sovrasta il testone del Presidente. Spicca la scritta: Consiglio dei Ministri – Il Presidente.
>
> Il primo ministro, attor comico ridente e soddisfatto illustra alla nazione le grandi imprese che il governo del fare ha realizzato nei suoi primi 220 giorni: bastonature ai giovani no-global, una giustizia più giusta per tutti: lavoratori con le vergognose leggi sul falso in bilancio, le rogatorie, il rientro dei capitali sporchi, l'abolizione delle tasse di successione e donazione anche per i grossi capitali, farsesco imbroglio sul mandato di estradizione

europeo, alibi per riformare la Costituzione e ridurre l'indipendenza dell'odiata magistratura, un bel regalo alle poche industrie italiane ad alta tecnologia, togliendo loro l'opportunità di partecipare al progetto europeo AirBus, una innovatrice riforma della scuola che vuol ridurre ore e anni di insegnamento e che non si preoccupa invece di migliorare il trattamento economico e dare uno sviluppo di carriera ai docenti.
In compenso tanti progetti di cementificare l'Italia dal Piemonte alla Sicilia. [...] Ma non una parola sull'università e la ricerca scientifica, non un accenno alle lettere e richieste firmate dai ricercatori italiani, preoccupati per l'inevitabile perdita di competitività in un campo in sempre più rapido sviluppo. Forse il nostro Presidente non sa che solo Grecia, Portogallo e Spagna [oggi non più: la Spagna investe più di noi] investono meno di noi in ricerca e sviluppo (rispettivamente 0,5; 0,65 e 0,86 per cento del Pil contro l'1,03 dell'Italia e il 2 per cento della media dell'Unione Europea) [...] che il numero di ricercatori per 1000 lavoratori è esattamente la metà in Italia rispetto a Francia, Germania, Inghilterra. Inoltre il numero di laureati all'anno è di 120.000 contro i 400.000 dei soliti tre grandi e il numero di dottorati di 4000 contro 10.000, e l'età media dei docenti e ricercatori universitari è fra i 50 e i 60 anni. In media in Europa, a parità di popolazione e Pil, si spendono 42 miliardi di euro, contro gli 11,5 miliardi dell'Italia.

> [...] Secondo uno studio del Fondo Monetario Internazionale citato da Paolo Sylos Labini, mezzo punto percentuale in più del Pil per la ricerca genera un aumento della produzione del 7 per cento in dieci anni e dell'11 per cento in venti anni.[4]

Quello che scrivevo nel 2002 è ancora più attuale nel 2009 e ancora più urgente la necessità di correre ai ripari.

Si renderanno mai conto i nostri governanti dell'enorme importanza della scienza e della ricerca per lo sviluppo di un Paese?

Per il buon funzionamento dell'università e della ricerca

Docenti o ricercatori? Può una stessa persona ricoprire efficacemente tutti e due i ruoli? Sono state spesso avanzate proposte di separare le due funzioni, ma credo che sarebbe un grosso sbaglio. Un docente che porta avanti solo un insegnamento libresco, senza attingere alla sua personale esperienza di ricercatore, fa dell'università un superliceo, non un luogo in cui si possa capire cosa sia la ricerca attiva, come nascano le idee per risolvere i tanti problemi ancora insoluti della scienza, quanto sia utile conoscere quello che è stato fatto, le ipotesi proposte, le tecnologie adottate, i fallimenti e i successi di coloro che ci hanno preceduto.

Ma anche dedicarsi soltanto alla ricerca può essere controproducente, perché spiegare ai giovani quello che facciamo e come abbiamo deciso di affrontare una particolare questione aiuta a chiarirci le idee e talvolta ne suggerisce di nuove. D'altra parte sono gli studenti quelli che costituiscono la linfa dell'università, da cui usciranno secondo le loro diverse attitudini professionisti, docenti, ricercatori. Per questo i vari istituti di ricerca, come quelli del Consiglio Nazionale delle Ricerche (CNR) o l'Istituto Nazionale di Fisica Nucleare (INFN) o l'Istituto Nazionale di Astrofisica (INAF) di recente istituzione devono restare strettamente connessi e collaborare con le università, dove si trovano e formano le nuove leve. Per esempio le varie sezioni dell'INFN sono situate presso i dipartimenti di fisica universitari e i ricercatori dell'istituto lavorano fianco a fianco con quelli dell'ateneo. Così pure la quasi totalità degli osservatori astronomici ospita anche i dipartimenti di astronomia dell'università locale.

Una buona soluzione può essere che il docente dedichi un semestre a tempo pieno all'insegnamento e l'altro alla ricerca, termine che secondo me dovrebbe includere anche seguire le tesi di laurea e di dottorato e in molti casi i corsi per i dottorati di ricerca.

I docenti devono dedicare buona parte del loro tempo a Consigli di dipartimento, Consigli di corso di laurea e Consigli di facoltà, per non parlare poi di chi ha incarichi di direzione in un istituto, un dipartimento o in altri enti autonomi di ricerca, come un osservatorio astronomico. Mentre la funzione dei dipartimenti e dei corsi di laurea è chiara (i primi organizzano la ricerca, i secondi la didattica), risulta molto più discutibile la finalità delle facoltà, che andrebbero abolite con i relativi consigli. Spesso le facoltà praticamente coincidono con il corso di laurea; dove questo non avviene – per esempio a scienze matematiche, fisiche e naturali –, i vari corsi condividono così pochi interessi comuni che la principale preoccupazione è dividersi gli scarsi posti di ricercatore o le cattedre.

Vediamo quali sono i problemi fondamentali da risolvere per il miglioramento delle nostre università e per attuare veramente l'articolo 3 della nostra Costituzione che recita:

> Tutti i cittadini hanno pari dignità sociale e sono eguali davanti alla legge, senza distinzione di sesso, di razza, di lingua, di religione, di opinioni politiche, di condizioni personali e sociali.
> È compito della Repubblica rimuovere gli ostacoli di ordine economico e sociale, che, limitando di fatto la libertà e l'eguaglianza dei cittadini, impediscono il pieno sviluppo della persona umana e l'effettiva partecipazione di tutti i lavoratori all'organizzazione politica, economica e sociale del Paese.

Tutti i capaci devono potere continuare gli studi indipendentemente dalle loro condizioni economiche. Questo significa borse di studio per gli appartenenti a famiglie con reddito basso, vincolate però all'obbligo di sostenere tutti gli esami nell'anno in corso, ottenimento di un voto di almeno 24/30, compimento degli studi al massimo un anno fuoricorso; e disponibilità di alloggi e mense universitarie per tutti gli studenti fuorisede. Per una giusta applicazione di queste norme andrebbe prima risolto il grave problema della colossale evasione da parte di molti lavoratori autonomi che per il fisco risultano più poveri di modeste famiglie di operai e impiegati. Inoltre i finanziamenti per le università, sia per quanto riguarda i fondi per la ricerca sia per gli stipendi di docenti e ricercatori, dovrebbero raggiungere livelli comparabili con i maggiori Paesi europei.

Alle università spetterebbe il diritto di imporre tasse adeguate ai servizi che offrono e proporzionate al reddito familiare. E qui ritorna in ballo il problema dell'evasione fiscale. Infine dovrebbe diffondersi la possibilità dei «prestiti d'onore» in vigore da molti decenni in alcuni Paesi europei, con cui le banche prestano agli studenti fondi per mantenersi agli studi, da restituire dopo aver ottenuto il primo impiego.

Il controllo e la valutazione dei docenti e dei ricercatori, per quanto riguarda la ricerca e la didattica, è sempre stato un punto dolente. Accanto ai tanti professori che dopo aver vinto la cattedra hanno saputo organizzare il loro istituto, formare gruppi attivi di ricerca, attivare scambi internazionali, attrarre ricercatori sia dall'Italia sia dall'estero, ci sono numerosi casi di chi, ottenuto il posto, si limita a svolgere il proprio corso, spesso facendosi sostituire da qualche giovane ricercatore, senza che niente e nessuno possa rimuoverlo dalla sua privilegiata posizione.

Anche molti ricercatori di ricerca ne fanno poca o niente, a volte perché sono troppo oberati dagli impegni didattici, pure se formalmente restano ricercatori fino all'età della pensione.

Ci sono poi tanti professionisti, in particolare medici e avvocati, a cui il titolo di professore universitario è utile soprattutto per chiedere parcelle più sostanziose nel loro studio privato e che privilegiano la libera attività all'insegnamento. Bisogna pur riconoscere che fra questi non mancano coloro che si impegnano a fondo nella didattica e trasmettono agli studenti il risultato della loro esperienza professionale.

In realtà un controllo formale delle attività scientifiche e didattiche c'è. Ogni docente e ogni ricercatore è tenuto a presentare annualmente al preside di facoltà l'elenco delle pubblicazioni e un resoconto delle attività svolte. Si parla e si discute molto di come rendere più efficaci questi controlli, ma anche se si stabilissero sanzioni severe temo che sarebbero destinate a restare lettera morta, come le grida di manzoniana memoria. Chi ama il proprio lavoro, e sono tanti, seguita a farlo comunque, mentre chi aspira solo a posizioni di potere o a un posticino di tutto riposo continuerà come prima in barba a tutti i controlli e comitati di valutazione.

Secondo me l'unico modo per evitare di caricare l'università di pesi morti è una seria valutazione delle capacità degli aspiranti ricercatori. Ripeto ancora – perché mi sembra di fondamentale importanza – che il periodo necessario per lo svolgimento della tesi e poi del dottorato di ricerca è abbastanza lungo (quattro anni almeno) per imparare a conoscere il futuro ricercatore, capire se ha la costanza e l'iniziativa necessarie per un lavoro creativo qual è la ricerca; e anche se è sufficientemente cosciente del fatto che raramente gli capiterà di fare la grande scoperta, ma che il suo lavoro porterà comunque un piccolo contributo a quella grande impresa collettiva che è il progresso della conoscenza. Questo perché alcuni partono pieni di entusiasmo immaginandosi novelli Einstein, poi restano delusi e finiscono per lasciarsi andare.

La riforma (o meglio le riforme) del 3 più 2

L'Accademia dei Lincei e molti universitari che da parecchi mesi si scambiano idee e proposte tramite internet affrontano il problema di come rendere l'università più efficiente.

Da notare però che le riforme passate e quelle di cui si discute sono tutte incentrate primariamente sul problema della ricerca e della valutazione. La discussione sull'inefficienza didattica e organizzativa nei confronti della maggioranza degli studenti – quelli che non diventeranno ricercatori – è minima. Eppure è uno dei maggiori problemi dell'odierna università di massa. È interessante considerare i dati forniti dall'ISTAT in proposito. Nel 1960-61, prima dell'avvento dell'università di massa portato dal '68, gli studenti in corso erano circa 200.000 e sono passati a 500.000 nel 1969-70, quelli fuoricorso da 80.000 a 130.000 e i laureati da 22.000 a 49.000.

Nel 1960-61 gli iscritti al primo anno erano 59.708

e i laureati cinque anni dopo 26.114, cioè circa il 44 per cento. Nel 1968-69 gli iscritti al primo anno erano 142.653 e i laureati cinque anni dopo 64.570, cioè circa il 45 per cento. Nel 1980-81 gli iscritti al primo anno erano 244.071 e i laureati cinque anni dopo 73.208, pari al 30 per cento; nel 1995-96 gli iscritti al primo anno erano 346.535 e i laureati nel 1999-2000 erano 140.122, cioè il 40 per cento. Naturalmente fra i laureati sono inclusi anche quelli che si erano iscritti sei o più anni prima, quindi queste percentuali non indicano quanti iscritti si sono effettivamente laureati in corso. Possiamo comunque affermare che l'università ha un rendimento, in termini di produzione di laureati, inferiore al 40 per cento e quindi una «mortalità» studentesca del 60 per cento e oltre.

La riforma Berlinguer fu avviata col principale scopo di ridurre il numero degli abbandoni. Tre anni sono sufficienti per ottenere un diploma di laurea; altri due per la laurea specialistica. Una leggera riduzione degli abbandoni è stata registrata, mentre coloro che comunque sarebbero riusciti a laurearsi in quattro o cinque anni – fra questi chi era intenzionato a dedicarsi alla ricerca – continuano fino alla laurea specialistica e poi i futuri ricercatori fino al dottorato di ricerca.

Dopo l'avvio della riforma e prima che si potesse capire se aveva raggiunto almeno in parte gli scopi prefissi, cambiarono governo e ministro. E anche ministero: il MURST (Ministero dell'Università e della Ricerca Scientifica e Tecnologica) diventò MIUR (Ministero dell'Istruzione, dell'Università e della Ricerca), con a capo Letizia Moratti. Con lei arrivò il decreto 509/1999, i cui obiettivi erano:

1) abbreviare i tempi di conseguimento del titolo di studio e ridurre gli abbandoni;
2) unire a una preparazione metodologico-culturale una formazione fortemente professionalizzante e la possibilità di un aggiornamento continuo;
3) facilitare la mobilità degli studenti a livello nazionale e internazionale.

La legge era nata in conseguenza degli accordi di «Bologna-Sorbona» per uniformare l'educazione universitaria a livello europeo. Non ho avuto esperienza diretta di questa riforma perché ero ormai in pensione, ma da quanto mi dicono i miei colleghi più giovani ha comportato un maggior carico per gli studenti, che si sono trovati di fronte a corsi molto più concentrati (questo era però già successo con l'adozione dei semestri), e anche per i docenti, in particolare i ricercatori, che hanno anche il compito di aiutare gli studenti con il tutoraggio. Mentre la maggioranza degli umanisti l'ha giudicata disastrosa, i pareri sono divisi, ma in generale meno negativi, fra i docenti di materie scientifiche.

Si osserva che questa riforma ha prodotto una frammentazione degli insegnamenti, che può essere utile in corsi di laurea professionalizzanti, ma risulta penalizzante per le scienze di base, come fisica e matematica, oppure le discipline umanistiche. Infatti in questi corsi la maggioranza degli studenti prosegue dopo il diploma per ottenere la laurea magistrale. La riforma nata per cercare di ridurre il numero degli abbandoni, non sembra invece che sia stata in grado di ridurre a sufficienza il numero dei fuoricorso.

Certamente ha avuto un effetto positivo sul numero di immatricolazioni che dal 1987 al 2004 è leggermente cresciuto – da 280.000 a circa 332.000, nonostante la popolazione complessiva di ragazzi diciannovenni negli stessi anni si sia ridotta di quasi 300.000 unità.[1] Infatti i laureati nel 2003 col vecchio ordinamento sono stati 8147 su un totale di 164.375 studenti non ancora fuoricorso (meno del 5 per cento) e su 245.225 studenti iscrittisi da quattro a sei anni prima (e cioè solo il 3 per cento si era laureato in corso o con al massimo due anni fuoricorso). Col nuovo ordinamento si sono laureati in corso 40.707 studenti su 92.304 non ancora fuoricorso, pari al 44,1 per cento.

Inoltre a distanza di due anni dall'applicazione della riforma, i risultati forniti sia da piccole università (come Ancona, Camerino, Cosenza, Ferrara, Trento,

Udine e Varese) sia da grandi università (come Bologna, Milano, Padova, Pisa, Roma 3 e Torino) dimostrano che gli studenti che hanno superato un notevole numero di esami è superiore del 50 per cento rispetto a quelli che non hanno dato nessun esame (inferiore al 20 per cento) [si veda in Appendice il grafico 4].

Sempre il ministro Moratti ha introdotto ulteriori modifiche alla legge appena in corso di sperimentazione. La riforma della riforma è il decreto 270/2004, ma non ha fatto in tempo a entrare in vigore che la frenesia riformistica ha colpito ancora, autrice questa volta il ministro Gelmini. Speriamo che i troppi medici al capezzale del malato non finiscano per ammazzarlo definitivamente.

Il Manifesto di Universitas Futura e le proposte della Commissione lincea

Il Manifesto è il frutto di una serie di discussioni e proposte avvenute in un forum fra vari docenti universitari, promosso da Claudio Procesi, ordinario di matematica presso l'Università La Sapienza di Roma, e scritto dallo stesso Procesi e da Walter Lacarbonara, docente di scienza delle costruzioni, sempre presso La Sapienza.[1] Ne riassumo qui i punti principali.

La premessa è che l'autonomia dell'università deve essere contestuale a una valutazione dei risultati della ricerca scientifica e della didattica, su cui deve basarsi l'attribuzione delle risorse. Di qui l'urgenza di istituire un'agenzia autonoma di valutazione, seguendo modelli già sperimentati nei Paesi avanzati. Si elencano poi alcune linee guida in dieci punti.

Innanzitutto la struttura universitaria non sarà più imperniata sulle facoltà (da abolire) ma sui dipartimenti, che troveranno rappresentanza nel Senato accademico.

Il punto 2 suggerisce: «I concorsi e i raggruppamenti concorsuali dovrebbero essere aboliti, soprattutto con riferimento all'avanzamento di carriera (da ricercatore ad associato e da associato a ordinario) istituendo, limitatamente ad una fase transitoria, un eventuale concorso per il conseguimento di un'idoneità nazionale per l'accesso alla docenza e disgiungendo le procedure di chiamate esterne da quelle per l'avanzamento di carriera. Nel caso di concorso per idoneità nazionale, le commissioni dovrebbero essere costituite da professori di ruolo con ampia e provata esperienza scientifica e articolate per macrosettori». Non è però specificato come e da chi vengono nominate queste commissioni.

Il punto 3 ribadisce che la valutazione deve influire in modo rilevante sull'attribuzione dei fondi per il funzionamento ordinario alle università, ai dipartimenti, ai laboratori e ai dottorati.

I punti 4 e 5 discutono alcuni criteri di valutazione e la necessità che i risultati influiscano anche sui livelli salariali adeguandoli alla media europea.

Importante il punto 6: l'accesso al ruolo universitario deve avvenire negli anni immediatamente successivi al conseguimento del titolo di dottore di ricerca. È chiara l'intenzione di rimuovere le figure del precariato universitario.

Il punto 7 riconosce l'attuale struttura in tre fasce.

Per quanto riguarda i compiti dei professori si propongono forme di flessibilità che riflettano le diverse inclinazioni, permettendo di sospendere o limitare l'impegno didattico a favore della ricerca e viceversa. Su questo punto ribadisco di non essere d'accordo. Ritengo di gran lunga preferibile dedicarsi alternativamente alla didattica e alla ricerca per evitare il rischio di un insegnamento libresco non arricchito dalle proprie esperienze personali.

Il punto 8 propone di riesaminare il significato e le implicazioni del valore legale del titolo di studio, soprattutto per contrastare il fenomeno delle università private che non fanno ricerca e si limitano a rilasciare titoli considerati equivalenti a quelli delle università pubbliche.

Il punto 9 sostiene la necessità di incentivare la mobilità, soprattutto nelle fasi iniziali della carriera. Già molte università straniere favoriscono gli spostamenti, o li ritengono addirittura titoli preferenziali. Per esempio, negli Stati Uniti la mobilità è molto frequente anche nelle fasi avanzate della carriera. Purtroppo in Italia l'attuazione pratica non è facile, a causa della scarsa disponibilità di alloggi con affitti ragionevoli. Ben diversa è la situazione americana, dove si trovano comunemente appartamenti ammobiliati a prezzi accessibili, soprattutto nelle grandi sedi universitarie, oppure le stesse università dispongono di appartamenti per i loro dipendenti e visitatori.

Il decimo e ultimo punto considera la necessità di finanziare adeguatamente le scuole di dottorato e di permettere ai docenti di svolgere il loro compito didattico in tutto o in parte al loro interno. Le ammissioni dovrebbero avvenire con procedure semplici e a cadenza regolare, e dovrebbero essere completamente aperte agli stranieri.

Si riporta qui integralmente la conclusione del documento:

> La politica deve uscire allo scoperto, dimostrando esplicitamente che la ricerca scientifica è un obiettivo prioritario del governo e del Parlamento, ed assumendosi in concreto la responsabilità delle azioni conseguenti. La sola risposta seria a questa istanza è di improntare una riforma dell'Università ai principi enunciati e di allineare la percentuale del PIL dedicato alla ricerca a quella dei Paesi avanzati, con un impegno programmatico dai tempi serrati, per raggiungere tali obiettivi indifferibili. In assenza di questa risposta, ricadrà su di noi, in quanto comunità scientifica, il dovere morale di informare i nostri giovani che la ricerca in Italia non è una priorità per la politica e che regolino di conseguenza le loro scelte.

La bozza di riforma proposta da una commissione dell'Accademia dei Lincei[2] considera fondamentali i seguenti punti:

1) Autonomia del sistema universitario;
2) Valutazione delle università e delle loro strutture;
3) Governo degli atenei;
4) Reclutamento e progressione nella carriera del personale docente;
5) Formazione e accesso agli studi universitari;
6) Mobilità e internazionalizzazione.

Si chiarisce che autonomia non significa fare tutto quanto non è proibito dalla legge – il che ha portato alla proliferazione di sedi distaccate, o di nuove università e di nuovi corsi di laurea, più per interessi elettorali di politici locali che per reali necessità – ma darsi norme e regole senza imposizioni dall'alto.

Quindi occorre creare un'agenzia di valutazione per la ricerca e la didattica completamente autonoma dal ministero dell'Istruzione e della Ricerca, dalle università e dagli enti di ricerca, snella nella sua struttura, con al massimo sette o nove componenti scelti dal ministero, tra terne di nomi proposte da strutture didattico-scientifiche, come la CRUI (Conferenza dei Rettori delle Università Italiane), il CUN (Consiglio Universitario Nazionale) e il CNR (Consiglio Nazionale delle Ricerche).

Per quanto riguarda il governo degli atenei – che indulgendo alla moda di utilizzare parole inglesi anche quando esiste l'equivalente italiano è diventato la *governance* – oltre al rettore e al direttore amministrativo, resta il Senato accademico. Poiché si propone l'abolizione delle facoltà, questo non sarà più composto dai presidi, ma dai presidenti dei «plessi omogenei della didattica e della ricerca» e da una rappresentanza dei direttori di dipartimento. I plessi dovrebbero rappresentare l'insieme di insegnamenti e di strutture di ricerca di aree disciplinari omogenee.

Il Consiglio di amministrazione deve avere rappresentanze delle varie componenti: docenti, studenti, personale amministrativo.

Il Consiglio degli studenti deve avere rappresentanti delle varie strutture didattiche compresi dottorandi e specializzandi.

Resterebbe la struttura binaria che separa la didattica e la ricerca: i corsi di studio (gli attuali corsi di laurea) si dedicherebbero alla prima e i dipartimenti alla seconda. Si propone, come ho già detto, l'abolizione delle facoltà.

La commissione osserva che i dipartimenti sono strutture fondamentali per lo sviluppo delle ricerche e pertanto dovrebbero essere costituiti e organizzati in funzione di tematiche di ricerca di ampio respiro: anziché ricalcare la distribuzione dei docenti nei corsi di laurea, dovrebbero distinguersi a livello nazionale e internazionale per uno o al massimo pochi ambiti di ricerca. Anche se questo suggerimento è condivisibile, di fatto contrasta con la tendenza a istituire dipartimenti grandi, con parecchie decine di docenti e di conseguenza con svariati filoni di ricerca. Penso al caso dei dipartimenti di astronomia, che sono quasi sempre abbastanza piccoli e si concentrano su due o al massimo tre tematiche. Quando invece sono inclusi nei dipartimenti di fisica, come in molte università, gli ambiti di studio diventano inevitabilmente molto più numerosi.

A grandi linee quindi sia la proposta di Universitas Futura sia quella della Commissione lincea sono abbastanza simili. Fondamentale per entrambe la soppressione delle tante miniuniversità, delle strutture distaccate e l'istituzione di una seria agenzia di valutazione per gli atenei e per i singoli docenti e ricercatori.

C'è sostanziale accordo fra le due proposte anche sul mantenimento delle tre fasce e l'abolizione del sistema dei concorsi nazionali. Apposite commissioni nazionali elette con maggioranze qualificate potrebbero decidere rigorosi criteri di valutazione per stabilire liste di docenti e ricercatori idonei; spetterebbe alle università scegliere all'interno di questi elenchi il personale da reclutare. Si dovrebbero poi pubblicizzare i bandi, anche in inglese, specificando quali campi di ricerca si intende sviluppare o potenziare. L'avanzamento di carriera dovrebbe invece avvenire attraverso la valutazione dell'attività svolta, misurata con criteri accettati internazionalmente.

Un punto che non è stato preso in esame da Universitas Futura riguarda la formazione e l'accesso agli studi universitari, anche in considerazione della riforma del 3 più 2.

L'accesso all'università per tutti i diplomati ha comportato molti problemi pratici a cui va posto rimedio. A parte i corsi di laurea come medicina per cui è stato introdotto il numero chiuso in seguito a direttive comunitarie, l'accesso alla maggioranza dei corsi di laurea è libero. Alcune università hanno introdotto prove d'ingresso che se non superate comportano un debito formativo ma non impediscono l'iscrizione.

Si prevede anche la possibilità di espellere la matricola che dopo il primo anno di corso non abbia soddisfatto alcuni criteri trasparenti, come per esempio il superamento di tutti gli esami. Secondo me questo sbarramento è troppo severo e comunque non può essere generalizzato. Ci sono esami «leggeri» e altri molto «pesanti»: penso al corso di laurea in fisica, dove accanto al laboratorio (la cosiddetta «fisichetta») c'è il temuto esame di analisi matematica o quello di fisica generale. Si dovrebbero adottare criteri diversi per ciascun corso di laurea, ma comunque impedire che uno studente rimanga parcheggiato per anni nell'università. Questo andazzo dipende anche dal valore legale riconosciuto alla laurea: anche se la si ottiene fuoricorso di dieci o più anni può portare vantaggi, come l'accesso a determinati concorsi pubblici. Di qui il suggerimento avanzato da molte parti di abolire il valore legale della laurea.

Sarebbe anche auspicabile che gli studenti fossero indirizzati nella scelta del percorso di studi dalle esigenze di mercato, oltre che dalle loro attitudini. A meno che una matricola non sia già chiaramente orientata verso una certa attività, per lo più mira a ottenere il pezzo di carta per potersi fregiare del titolo di dottore e ottenerne alcuni vantaggi pratici, quindi tende a scegliere i corsi di laurea ritenuti più facili. Da notare, a questo proposito, che il titolo di dottore, pomposamente sbandierato in Italia, negli altri Paesi europei e negli Stati Uniti spetta solo a chi ha ottenuto il Ph.D., cioè il nostro dottorato di ricerca.

Infine la commissione dei Lincei suggerisce di favorire la mobilità dei ricercatori e dei docenti, sia dall'Italia all'estero, sia viceversa, e incentivare l'afflusso di personale straniero nelle nostre università. C'è già stata occasione di notare come sia difficile in pratica per un ricercatore italiano spostarsi per lunghi periodi da un'università all'altra in Italia a causa degli affitti sproporzionati rispetto agli stipendi. Molto più frequentemente i ricercatori italiani vanno all'estero anche per periodi abbastanza lunghi, quando poi non decidono addirittura di restarci.

Le stesse difficoltà agiscono da deterrente per i pochissimi docenti stranieri che accettano di trasferirsi in Italia: il problema di trovare casa, la scarsità di servizi per le famiglie, gli stipendi bassi, l'eccesso di burocrazia che colpisce soprattutto gli «extracomunitari» (e in questo docenti universitari, operai e badanti sono tutti uguali) e li costringe a sottoporsi a controlli e regolamenti inutili, lunghi e spesso umilianti.

Alcune *mie* proposte per una riforma dell'università

A conclusione di questa rassegna delle riforme passate e future, possiamo riassumere i punti più urgenti e necessari da attuare per salvare e migliorare quel tanto di buono che ancora c'è nel nostro sistema universitario:

1) autonomia a cui fa da contrappeso una rigorosa valutazione delle singole università nel loro complesso e delle singole strutture che le compongono (dipartimenti, corsi di laurea, laboratori, scuole di specializzazione e di dottorato), valutazione dei singoli docenti e ricercatori, allocazione dei fondi ai singoli ricercatori e alle singole strutture in base ai risultati raggiunti e valutati da commissioni indipendenti;
2) favorire gli scambi con altre università ed enti di ricerca italiani e stranieri, anche prevedendo strutture adeguate (foresterie, mense e case per gli studenti);

3) reclutamento da elenchi di docenti dichiarati idonei in base a concorso nazionale per titoli, valutati, secondo criteri oggettivi riconosciuti internazionalmente da commissioni di esperti della materia possibilmente anche stranieri;
4) evitare la proliferazione di nuove piccole università e di sedi distaccate, che comportano una dispersione dei fondi disponibili a beneficio di strutture inadeguate a raggiungere quel livello di efficienza e qualità a cui l'università deve mirare.

Come si dice a Firenze, «senza lilleri non si lallera». Occorre che i costi di iscrizione e frequenza siano adeguati all'importanza di quello che i docenti trasmettono agli studenti. Oggi le tasse universitarie sono minime, al massimo possono raggiungere i 1500 euro l'anno, e questo dimostra la poca importanza che si dà alla cultura e alla ricerca. In molti casi sono pari alla metà o a un terzo di quanto una famiglia decide di spendere per le ferie. Io ritengo che le tasse universitarie, come le tasse sul reddito, debbano essere commisurate alle entrate della famiglia dello studente: molto più alte delle attuali per le famiglie benestanti, borse di studio per gli studenti meritevoli provenienti da famiglie a basso reddito, e inoltre ampia disponibilità di prestiti d'onore bancari a basso tasso d'interesse per gli studenti. Saranno questi ultimi a volersi laureare in corso per non perdere il diritto al prestito e trovare un lavoro in tempi brevi per iniziare a ripagare il debito.

Si dovrebbe dedicare molta più attenzione di adesso alla grande maggioranza degli studenti – quelli che non faranno i ricercatori – seguendoli con compiti scritti, esercizi, seminari con discussioni per ogni materia di esame aperti a gruppi di venti o trenta studenti al massimo, come avviene per esempio in molte università americane. Quindi togliere la possibilità di ripetere un esame infinite volte: due sarebbe più che sufficiente. In un certo senso occorrerebbe «licealizzare» il controllo degli studenti, piuttosto che gli argomenti di insegnamento come si sta facendo ora. È ovvio che tutto ciò richiede ai professori universitari un impegno didattico molto maggiore dell'attuale; di qui deriva la mia proposta di riservare un intero semestre all'insegnamento e uno alla ricerca.

Questa totale mancanza di controllo sul rendimento degli studenti, la possibilità di dare quanti esami all'anno si vuole, di ripetere più volte lo stesso esame è un fattore che non incentiva gli studenti meno motivati, soprattutto se hanno una famiglia alle spalle in grado di mantenerli. Si dovrebbero porre limiti abbastanza rigorosi a questo andazzo: come ho detto, un esame può essere ripetuto al massimo due volte e uno studente che non dia almeno tre esami all'anno (o anche di più, a seconda dei corsi di laurea e della difficoltà delle singole materie) dovrebbe abbandonare l'università o trasferirsi in un corso di studi per lui più adatto, magari su consiglio degli stessi professori. Questo per lo meno per gli studenti a tempo pieno; per i numerosi studenti lavoratori che certifichino la loro condizione si potrebbe invece richiedere che superino almeno due esami all'anno. Se anche si laureassero in dieci o quindici anni, migliorerebbero comunque il loro livello culturale, pur senza trarne un apprezzabile vantaggio pratico.

Il disegno di legge presentato dal ministro Gelmini rispetta molte di queste esigenze. Vedremo se tutte le proposte, concentrate sulla richiesta di *qualità e valutazione* e che saranno comunque introdotte nella riforma prossima ventura, saranno veramente applicate e non destinate a diventare inutili formalità.

Il problema dei problemi consiste nel realizzare commissioni di valutazione della qualità davvero indipendenti e competenti, obiettivo non facile nel nostro Paese, in cui c'è purtroppo una lunga consuetudine alle raccomandazioni all'amico dell'amico dell'amico, in cui la moralità pubblica e il senso di giustizia e di onestà non sono mai stati molto diffusi e in particolare in questi ultimi anni stanno precipitando sempre più in basso.

Perché la Chiesa diffida della scienza?

L'UNESCO su proposta dell'astrofisico italiano Franco Pacini, allora presidente dell'Unione Astronomica Internazionale (UAI), ha dichiarato il 2009 anno internazionale dell'astronomia per celebrare i quattro secoli trascorsi dal primo impiego del cannocchiale per osservare il cielo.

Lo strumento nasce per essere utilizzato semplicemente per scrutare l'orizzonte e far sembrare vicine le cose lontane. Certi viaggiatori riferiscono a Galileo dell'esistenza di questa invenzione, creata da alcuni ottici olandesi; in base ai loro racconti l'astronomo pisano riesce a costruirsene uno e nel 1609 lo punta per la prima volta verso il cielo. Come egli stesso scrive nel *Sidereus Nuncius*:[1]

> Basandomi sulla dottrina della rifrazione, fui in grado di giungere allo scopo. E preparai per me, come prima cosa, un tubo di piombo, alle estremità del quale adattai

> due lenti vitree, ambedue piane da una parte, all'altra ne posi una convessa ed una concava; accostando poi l'occhio a quella concava, vidi gli oggetti abbastanza grandi e vicini; apparivano infatti tre volte più vicini e nove volte più grandi che osservati senza strumento.

Se ne costruisce un altro che ingrandisce di sessanta volte e poi ancora uno «che gli oggetti visti con quello apparivano quasi mille volte più grandi e più di trenta volte più vicini che se guardati solo con la facoltà naturale».

Così Galileo scopre che la Luna ha montagne, pianure e crateri come la Terra, e non è quel corpo perfetto, fatto addirittura di materia diversa da quella terrestre, come sosteneva Aristotele. Scopre che sulla superficie del Sole appaiono macchie e queste variano nel tempo, contraddicendo il dogma aristotelico secondo cui i corpi celesti sono perfetti e immutabili. Ma soprattutto scopre i quattro maggiori satelliti di Giove, che chiama «pianeti medicei»; li osserva dal 7 gennaio al 2 marzo 1610 e ne determina le orbite. È per lui un sistema solare in miniatura, prova evidente a favore del sistema copernicano. Nel *Sidereus Nuncius*, pubblicato nel 1610, scrive:

> Riteniamo l'argomento del massimo valore per togliere ogni dubbio a quelli che accettano tranquillamente, nel si-

stema copernicano, la rivoluzione dei pianeti intorno al Sole, che però sono così turbati dal moto della sola Luna intorno alla Terra, mentre ambedue orbitano intorno al Sole in un anno, da ritenere che questa configurazione dell'universo debba essere respinta, in quanto impossibile; ora infatti non abbiamo più un solo pianeta che ruota intorno ad un altro, mentre ambedue compiono una grande orbita intorno al Sole, ma invero l'esperienza visibile mostra quattro stelle che ruotano intorno a Giove, come la Luna intorno alla Terra, mentre tutti, insieme con Giove, compiono in dodici anni una grande orbita intorno al Sole.

Nel marzo 1613 l'Accademia dei Lincei pubblica *Istoria e dimostrazioni intorno alle macchie solari* con l'*imprimatur* della Chiesa. Nel 1616 il *De revolutionibus orbium coelestium* di Copernico viene sospeso dal Sant'Uffizio *donec corrigatur* (fino a che non sia corretto), e il cardinale Bellarmino ordina privatamente a Galileo di abbandonare l'opinione copernicana e di impegnarsi a non «insegnarla o difenderla, a parole o con scritti».

Nel 1623 diviene papa Maffeo Barberini, col nome di Urbano VIII, amico di Galileo e sostenitore delle sue idee. Galileo ritiene di poter finalmente portare avanti il suo *Dialogo sopra i due massimi sistemi del mondo tolemaico e copernicano*, che pubblica nel 1632. In quello stesso anno l'Inquisizione ordina di bloccarne la diffusione e la vendita. E il cardinale Antonio Barberini nel settembre dello stesso anno costringe Galileo a recarsi a Roma, dove arriva in febbraio, colpevole di non avere obbedito agli ordini del cardinale Bellarmino. Il 22 giugno 1633 Galileo compare davanti al tribunale del Sant'Uffizio e gli viene letta la sentenza qui trascritta:

> Tu Galileo [...] ti sei reso a questo Sant'Uffizio vehementemente sospetto d'heresia, cioè d'aver tenuto e creduto dottrina falsa e contraria alle Sacre e Divine Scritture, ch'il Sole sia centro della Terra e che non si muova da oriente a occidente, e che la Terra si muova e non sia al centro del mondo, e che si possa tener e difendere per probabile un'opinione dopo esser stata dichiarata e diffinita per contraria alla Sacra Scrittura.

La sentenza prosegue ordinando la proibizione dei *Dialoghi* e la condanna «al carcere formale in questo Sant'Uffizio ad arbitrio nostro».

Galileo, ormai settantenne e quasi cieco, è costretto a umiliarsi: si inginocchia davanti agli inquisitori e abiura quelle che sono le sue convinzioni profonde, frutto di ragionamenti e osservazioni scientifiche libere da dogmi. Come aveva scritto in una lettera a madama Cristina di Lorena nel 1615 il fine della Sacra Scrittura è «d'insegnarci come si vadia al cielo, e non come vadia il cielo».[2] Galileo prono davanti agli inquisitori recita:

> Avendo davanti gl'occhi miei li sacrosanti Vangeli [...] giuro che sempre ho creduto, credo adesso, e con l'aiuto di Dio crederò per l'avvenire tutto quello che tiene, predica et insegna la S.ma Cattolica et Apostolica Chiesa. [...] con cuor sincero e fede non finta abiuro, maledico e detesto li suddetti errori et eresie [...] giuro che per l'avvenire non dirò mai più né asserirò, in voce o in scritto, cose tali per le quali si possa aver di me simil sospitione.

Ma non basta. Galileo prosegue: «Se conoscerò alcun eretico o che sia sospetto d'heresia, lo denuncerò a questo Sant'Uffizio, o vero all'Inquisitore o Ordinario del luogo dove mi troverò».

Grazie alla solenne abiura, e alla promessa di fare anche il delatore, la sentenza è abbastanza mite: una condanna agli arresti domiciliari, che Galileo trascorre nella villa Il Gioiello sul colle di Arcetri a sud di Firenze, a pochi passi dal convento in cui vive la figlia suor Maria Celeste, e dove muore nel 1642.

Quarantadue anni prima, il 17 febbraio 1600, un altro fervente sostenitore della teoria copernicana viene mandato al rogo: Giordano Bruno, l'eretico che si rifiuta di abiurare e che sostiene che le stelle sono innumerevoli soli attorno ai quali orbitano i pianeti. Su quei pianeti vivono esseri intelligenti. La moderna astronomia dimostra quanto vere fossero le sue intuizioni. Oggi sappiamo che il Sole è una comunissima stella fra i trecento e più miliardi di stelle che popolano la nostra galassia, e conosciamo più di trecento pianeti extrasolari, ossia in orbita attorno ad altre stelle.

Le distanze fra stella e stella sono tali che è altamente improbabile che si possa un giorno verificare l'esistenza di altre civiltà, ma l'uniformità delle leggi fisiche e della composizione chimica dell'universo fanno ritenere assurdo che la vita, e in particolare la vita intelligente, si sia sviluppata soltanto sulla Terra. Negli anni Cinquanta del secolo scorso, quando si comincia a parlare di conquista dello spazio e dell'esistenza di civiltà extraterrestri, alcuni religiosi affermano che è molto improbabile perché in tal caso Cristo avrebbe dovuto sacrificarsi su ogni pianeta per redimere tutti i popoli dal peccato originale. Ma non sono più i tempi di Galileo e la Chiesa non insiste su questa assurdità. Alla domanda di quale sia la posizione della Chiesa di fronte alla possibilità di vita su altri pianeti, il gesuita George Coyne, già direttore della Specola Vaticana e astronomo all'Osservatorio Vaticano in Arizona, risponde che sarebbe una follia dire che noi siamo l'eccezione.[3]

Solo nel 1965 il Concilio Vaticano II deplora l'errore della Chiesa nei riguardi di Galileo, ma passano quasi altri quindici anni perché papa Giovanni Paolo II istituisca una commissione pontificia e riconosca pubblicamente la grandezza di Galileo e le sofferenze a lui inflitte dagli organismi della Chiesa. Nel 1983 il papa afferma che «la rivelazione divina di cui la Chiesa è garante e testimone non comporta di per sé alcuna teoria scientifica dell'universo». Comunque una riabilitazione ufficiale non c'è mai stata.

In quanto a Giordano Bruno non c'è mai stato nemmeno un riconoscimento ufficioso e un pentimento per il barbaro supplizio a cui fu sottoposto.

Ma l'ingerenza della Chiesa sulla scienza non è finita. Se si guarda bene dall'intervenire sulle ricerche di pertinenza delle scienze abiologiche come la fisica o la matematica, ben diverso è il caso che riguarda le scienze biologiche, o scienze della vita. Esempi recenti sono le pressioni su deputati e senatori che per la loro ignoranza scientifica hanno partorito la vergognosa legge 40 sulla fecondazione assistita, gli ostacoli posti al testamento biologico, cioè la dichiarazione consapevole di non volersi sottoporre all'accanimento terapeutico, l'impossibilità per un malato terminale di ottenere l'eutanasia, per non parlare poi degli ostacoli posti alla stesura di una legge per i diritti delle coppie di fatto, sia etero sia omosessuali. Insomma, la scienza è umiliata dalla politica, che a sua volta è succube del Vaticano.

Nel giugno 2005 c'è il referendum per ottenere l'abrogazione della famigerata legge 40 del 19 febbraio 2004, che limita l'accesso alle tecniche di inseminazione artificiale alle sole coppie sterili, non consente la fecondazione eterologa (l'impiego di gameti da parte di terze persone), non consente la crioconservazione (il congelamento degli embrioni), vieta qualsiasi sperimentazione sulle cellule staminali embrionali, anche soprannumerarie e congelate – ricerche che potrebbero permettere la guarigione da malattie ancora oggi inguaribili – e soprattutto vieta la diagnosi preimpianto. Così portatori sani di malattie, per esempio l'anemia mediterranea, non possono accertarsi che l'embrione da impiantare sia sano e rischiano di mettere al mondo un bambino che avrà una vita d'inferno, oppure la donna si troverà costretta ad abortire. E qui si tocca il culmine dell'assurdità: l'embrione, che ha l'anima, deve comunque essere impiantato, casomai se il feto è malato si ricorre all'aborto. Quindi l'anima dell'embrione è più importante di quella del feto. Inoltre impone alla donna l'impianto di tutti gli embrioni ottenuti, senza che abbia la libertà di interrompere il trattamento.

Il referendum non raggiunge il quorum del 50 per cento più uno dei votanti. Solo il 25,9 per cento si reca alle urne, sia per l'aperta e martellante propaganda della Chiesa sull'astensione, sia per la mancanza di informazione, chiara e semplice, sugli scopi del referendum da parte dei vari canali televisivi, quasi tutti asserviti al potere politico. E oggi la televisione è di gran lunga la fonte più seguita di informazione; si pensi che i due giornali più diffusi nel Paese, il «Corriere della Sera» e «la Repubblica», superano le 500.000 copie vendute ciascuno con una diffusione che non raggiunge i quattro milioni di lettori, contro la quasi totalità della popolazione adulta che ascolta i telegiornali.

Qualche ripensamento da parte della Chiesa per non ripetere casi analoghi a quello di Galileo arriva nel luglio 2009 da parte di monsignor Sergio Pagano, capo dell'Archivio segreto: «Il caso Galileo insegna alla Chiesa ad accostarsi ai problemi scientifici con molta umiltà e circospezione, fossero anche quelli legati alla più moderna ricerca sulle cellule staminali».

Ma il governo è più papista del papa perché finanzia soltanto i progetti in cui si usano cellule staminali adulte, sebbene gli studi sulle cellule staminali embrionali siano legali purché «la distruzione degli embrioni non avvenga in Italia e le cellule siano importate dall'estero». Un bell'esempio di ipocrisia! Sarebbe come dire che se devo studiare gli organi interni di una persona, posso tranquillamente chiedere a un killer di uccidere la cavia umana che mi sono scelta, purché la ammazzi all'estero, poi mi porto con comodo il cadavere in Italia.

Un ulteriore passo avanti nella ricerca, da cui l'Italia rimane esclusa grazie ai nostri politici succubi della Chiesa, viene annunciato sempre nel luglio 2009: la creazione di sperma artificiale ricavato da un embrione di sesso maschile. La ricerca è condotta dall'università di Newcastle in Gran Bretagna e servirà per ora a studiare le cause di infertilità maschile, anche se in un futuro – forse ancora lontano – lo sperma potrà addirittura essere usato per la fecondazione di una cellula uovo.

Secondo Carlo Flamigni, noto ginecologo dell'Università di Bologna, le ricerche sulle cellule staminali adulte e quelle sulle cellule staminali «bambine» sono strettamente connesse e i risultati ottenuti in un campo si riflettono anche sull'altro. Perciò la Chiesa dovrà prendere atto di quante malattie si possono guarire con queste nuove tecniche e avere un ripensamento, in tempi si spera più rapidi dei quattro secoli occorsi per la riabilitazione di Galileo.

Un rimedio parziale a questa infame legge 40/2004 lo dà la Corte costituzionale, la quale nel 2009 dichiara incostituzionali alcuni articoli che pongono indebite limitazioni all'autonomia e alle responsabilità dei medici. Ma ancora prima, fra il 2007 e il 2008, la magistratura ordinaria riconosce l'illegittimità della norma che vieta la diagnosi preimpianto dell'embrione.

Ancora più recente, l'autorizzazione all'uso, sia pure soltanto sotto controllo medico, della RU 486, meglio nota fra la gente come «pillola del giorno dopo», che provoca un aborto terapeutico molto meno invasivo e pericoloso dell'aborto chirurgico, e che in molti altri Paesi è impiegata con successo da alcuni anni. Immediata la reazione della Chiesa con minaccia di scomunica a chi la usa, a chi la prescrive e a chi la vende.

È facile capire perché la scienza, che è libera da dogmi e preconcetti e si fa guidare solo dagli esperimenti e dalle osservazioni, spaventi la Chiesa; meno chiaro è perché ci sia una diffusa paura della scienza e degli scienziati, alimentata anche da mass media poco informati. Eppure gli scienziati sono persone come le altre: buoni o cattivi, generosi o egoisti, coraggiosi o vigliacchi, e la scienza ha inciso profondamente sul nostro tenore di vita e sulle nostre condizioni di salute, quasi sempre in modo positivo.

Come già detto, l'attuale papa, Benedetto XVI, dichiara: «La scienza non è in grado di elaborare principi etici; essa può solo accoglierli in sé e riconoscerli come necessari per debellare le sue eventuali patologie». Perciò la scienza non può fare da sola, «la filosofia e la teologia diventano degli aiuti indispensabili [...] per evitare che la scienza proceda da sola in un sentiero tortuoso, colmo di imprevisti e non privo di rischi». E gli scienziati non sempre indirizzano le loro ricerche verso il progresso dell'umanità, ma «il facile guadagno o, peggio ancora, l'arroganza di sostituirsi al Creatore svolgono a volte un ruolo determinante». Eppure il pontefice dovrebbe sapere che uno dei più antichi impegni etici è proprio il giuramento scritto da Ippocrate nel 430 a.C.:

> Giuro per Apollo medico e Asclepio e Panacea e per gli dei tutti e tutte le dee, chiamandoli a testimoni, che eseguirò [...] questo giuramento e questo impegno scritto [...] regolerò il tenore di vita per il bene dei malati [...] in qualsiasi casa andrò, io vi entrerò per il sollievo dei malati, e mi asterrò da ogni offesa e danno volontario [...] sul corpo delle donne e degli uomini, liberi e schiavi [...] tacerò ciò che non è necessario sia divulgato.

Il giuramento, nella sua forma moderna, riprende i punti fondamentali:

> [Giuro] di esercitare la medicina in libertà e indipendenza di giudizio e di comportamento rifuggendo da ogni indebito condizionamento; [...] di curare ogni paziente con eguale scrupolo e impegno, prescindendo da etnia, religione, nazionalità, condizione sociale e ideologia politica [...] di astenermi da ogni accanimento diagnostico e terapeutico [...] di attenermi nella mia attività ai principi etici della solidarietà umana [...] di prestare assistenza d'urgenza a chi ne abbisogni [...] di osservare il segreto professionale.

Anche i proponenti di quell'odiosa legge secondo cui i medici avrebbero dovuto denunciare i clandestini bisognosi di cure probabilmente non hanno mai letto il giuramento d'Ippocrate, e forse nella loro rozza ignoranza razzista non sanno nemmeno, chi sia questo signor Ippocrate.

Il 2009 festeggia un altro importante anniversario: i centocinquant'anni dalla pubblicazione della fondamentale opera di Charles Darwin *Sulla origine delle specie per elezione naturale ovvero Conservazione delle razze perfezionate nella lotta per l'esistenza* pubblicata per la prima volta il 24 novembre 1859, la seconda il 7 gennaio 1860.

Va dato atto alla Chiesa cattolica di avere imparato qualcosa dalla vicenda di Galileo, e anche se alcuni teologi affermano che l'evoluzione non è scienza, la posizione ufficiale del Vaticano è che la teoria evoluzionista non è in contrasto con la dottrina cattolica. Il cardinale Paul Poupard, presidente del Pontificio Consiglio per la cultura, nel novembre 2005 afferma che «i fondamentalisti vogliono prendere alla lettera le parole della Bibbia» e bisogna rendersi conto che scienza e teologia operano in campi diversi.

In generale le Chiese protestanti che tendono a prendere alla lettera la Bibbia sono le nemiche più accanite della teoria evoluzionistica e sostengono con fervore il creazionismo e la teoria del disegno intelligente.

Malgrado l'apertura della Chiesa cattolica, ancora una volta la nostra classe politica si rivela più papista del papa. È proprio Letizia Moratti quando era ministro dell'Istruzione a togliere l'insegnamento dell'evoluzionismo dalle scuole elementari, salvo poi esser costretta a fare una precipitosa marcia indietro. I precedenti di questa geniale trovata risalgono al 2003, quando la Provincia di Milano guidata da Ombretta Colli di Forza Italia e il Comune con Gabriele Albertini come sindaco patrocinano un convegno organizzato da Alleanza nazionale e Alleanza studentesca dal titolo *Evoluzionismo: una favola per le scuole*. In seguito alla rivolta degli insegnanti che vedono cancellati dai programmi quasi due secoli di scoperte scientifiche, il ministro Moratti ci ripensa e nomina una commissione presieduta dal premio Nobel Rita Levi-Montalcini con il compito di dare precise indicazioni in merito all'insegnamento delle teorie evoluzionistiche. E, come ovvia conclusione, viene riconosciuto che l'insegnamento delle teorie di Darwin deve essere assicurato sin dalle elementari. Certo che il ministro dell'Istruzione in questa occasione dà una bella prova della sua scarsa istruzione, il che non le impedisce di proporre riforme su riforme dalle scuole materne – divenute ora «scuola dell'infanzia» – alle scuole elementari, rinominate «primarie», alla trasformazione dei presidi in «dirigenti scolastici». Un termine certamente molto consono alla sua visione aziendalistica della scuola.

La paura della scienza

Si sente spesso ripetere che la nostra società odierna è «la società della conoscenza», il che significa che è sempre più importante, nel mercato globale della produzione, produrre beni che richiedano sempre meno lavoro ma sempre più conoscenza. È la società che segue la Rivoluzione industriale, che ha caratterizzato l'Ottocento e metà del Novecento, la quale a sua volta ha sostituito la società contadina dei secoli precedenti. Ma mentre il secolo dell'industrializzazione nascente ha visto ammirazione e fiducia nella scienza, assistiamo al paradosso che nella società della conoscenza è sempre più diffusa la paura della scienza, e non solo fra le persone meno colte ma anche fra molti intellettuali.

I timori più comuni riguardano l'energia nucleare, le biotecnologie, l'inquinamento. Non si tiene conto che se è stata la scienza a liberare l'energia nucleare, e lo sviluppo tecnologico a produrre il deterioramento dell'ambiente, l'aumento dell'effetto serra, e la scomparsa di molte specie animali, sono *anche e soltanto* la conoscenza e le applicazioni della scienza che possono trovare i rimedi necessari.

Le cause di queste paure sono in parte giustificate e dovute alla produzione delle bombe atomiche che hanno fatto centinaia di migliaia di vittime a Hiroshima e Nagasaki, al disastro causato dalla centrale nucleare di Chernobyl, ai cambiamenti climatici più o meno evidenti dovuti all'aumento dell'effetto serra, alle dottrine eugenetiche naziste frutto di aberranti filosofie razziste.

D'altra parte la lezione di Hiroshima e Nagasaki ha indotto le grandi potenze ad accordi internazionali e a uno stretto controllo sulla produzione di ordigni bellici, e a un inevitabile cammino verso il disarmo nucleare e l'impiego dell'energia atomica per soli scopi pacifici. La tragedia di Chernobyl, che sembra fosse dovuta anche a un errore umano oltre che a un difetto della centrale stessa, ha avuto per conseguenza la progettazione di centrali moderne in grado di autoproteggersi da errori e dimenticanze. Esse sono di gran lunga più sicure delle centrali di prima generazione e certamente meno inquinanti rispetto alle centrali a carbone o petrolio, anche se resta grave il problema delle scorie, oltre a vari altri minori.

Il consumo energetico mondiale cresce di anno in

anno del 2,3 per cento ed è destinato ad aumentare ancora più rapidamente con l'entrata in scena dei colossi emergenti, in primo piano Cina e India, ma anche Brasile, Argentina, Messico, a cui inevitabilmente si aggiungeranno i tanti Paesi africani ricchi di materie prime ma poveri di conoscenze tecnologiche.

I combustibili fossili – carbone, petrolio, gas naturali – che si sono andati formando nel giro di qualche miliardo di anni (l'età della Terra è 4,6 miliardi di anni) vengono consumati tanto rapidamente da stimare che gas e petrolio si esauriranno molto prima della fine di questo secolo. Il carbone, che è almeno cinque volte più abbondante, potrebbe diventare la fonte principale di energia, ma anche causare un aumento dell'immissione di anidride carbonica nell'atmosfera, dando luogo a un ulteriore aumento dell'effetto serra. Come avviene in una serra, l'atmosfera lascia passare liberamente la luce solare, che riscalda il suolo, il quale riemette radiazione infrarossa (cioè calore) che viene intrappolata dall'atmosfera arricchita di anidride carbonica e metano, invece di potersi propagare liberamente nello spazio interplanetario. Tutti noi abbiamo qualche volta sperimentato l'efficienza di questo tipo di riscaldamento. Anche le cronache hanno riportato casi di cani e anche di bambini «dimenticati» per qualche ora in una macchina parcheggiata al sole, uccisi dall'alta temperatura creatasi nell'abitacolo.

Nel corso di poco più di un secolo la temperatura media della Terra è aumentata di circa un grado centigrado, e questo modesto cambiamento ha provocato lo scioglimento di gran parte dei ghiacciai, la morte di molte barriere coralline, l'invasione di specie tropicali nei nostri mari; un ulteriore aumento, che potrebbe toccare i cinque gradi nel corso di questo secolo, causerebbe anche una dilatazione termica degli oceani e conseguenti allagamenti, anche catastrofici, delle città costiere.

Ecco perché è necessario pensare seriamente all'utilizzo delle energie rinnovabili – idroelettrica, solare ed eolica – e riconsiderare la necessità di ricorrere all'energia nucleare, sia con le attuali centrali a fissione che utilizzano l'uranio, sia con quelle a fusione che potrebbero arrivare in un futuro ancora lontano.

L'energia idroelettrica, la risorsa più antica, è già sfruttata in pieno; l'energia solare e l'energia eolica possono fornire un utile contributo, soprattutto per gli usi domestici, ma, oltre a essere fonti intermittenti e distribuite in modo irregolare sulla Terra, per un largo impiego a uso industriale occorrono tecnologie raffinate e grandi estensioni di terreno a disposizione. E già oggi i rari impianti esistenti suscitano le proteste dei difensori dell'ambiente.

Un combustibile abbondante e non inquinante è l'idrogeno. Quando brucia, oltre a liberare notevole energia termica, non lascia altro residuo che acqua. Però l'idrogeno non esiste libero in natura, si trova nell'acqua (H_2O), ma bisogna separarlo dall'ossigeno, e la quantità di energia necessaria è uguale a quella che se ne potrà poi ricavare.

L'energia nucleare «pulita», quella cioè che si ottiene per fusione, è un processo uguale a quello che avviene naturalmente nell'interno del Sole, dove idrogeno, deuterio e tritio (i due isotopi dell'idrogeno) si trasformano in elio perdendo una piccola quantità di materia che si trasforma in energia. La difficoltà consiste nel creare condizioni di temperatura e pressione paragonabili a quelle nell'interno del Sole (circa 13 milioni di gradi e circa 100 miliardi di atmosfere) e confinare il plasma in una bottiglia magnetica, cioè entro le linee di forza realizzate con magneti superconduttori, data l'impossibilità, a quelle temperature, di contenerlo dentro una struttura materiale. L'energia necessaria per far funzionare una centrale a fusione nucleare è per ora di gran lunga maggiore dell'energia prodotta; secondo gli esperti non si potranno avere strutture operative e convenienti prima della fine di questo secolo.

In conclusione sarà comunque necessario ricorrere anche all'energia nucleare da fissione, quella fonte energetica che era stata respinta col referendum del novembre 1987, in cui una larga maggioranza (l'80 per cento dei votanti che furono il 65,1 per cento degli elettori) si espresse per abrogare tutte le disposizioni destinate a favorire tali impianti. Da notare che quel risultato fu certamente influenzato dal disastro di Chernobyl avvenuto nell'aprile del 1986, e dalla scarsa cultura scientifica della gran maggioranza della popolazione.

Questa ignoranza si manifesta nelle contraddizioni di molti cittadini che non fanno nulla per ridurre i loro consumi energetici personali e allo stesso tempo temono sia l'inquinamento atmosferico sia i mezzi atti a ridurlo. Vedremo se il progetto di ricominciare a costruire qualche centrale nucleare in Italia riuscirà a vincere le resistenze e le paure delle località dove dovrebbero nascere gli impianti.

L'altra fonte di paura riguarda gli OGM (Organismi Geneticamente Modificati). Sia i governi di centro-destra sia di centro-sinistra si sono opposti, tagliando i finanziamenti alle ricerche biotecnologiche nel campo della genetica agraria. Malgrado le manifestazioni e le proteste di un migliaio di scienziati e l'interesse e i finanziamenti da parte di molte imprese, tutti i governi che si sono succeduti dopo il 2000 hanno impedito l'uso degli OGM, sebbene i risultati delle ricerche svolte in Europa e negli Stati Uniti abbiano dimostrato che non sono pericolosi e risultano molto più remunerativi. In Italia sperimentazione e coltivazione sono vietate. Sarebbe ora che si desse il via libera almeno alla sperimentazione, tanto più che l'EFSA (European Food Safety Authority) ha più volte assicurato che i prodotti OGM non rappresentano un pericolo per la salute umana e per l'ambiente. Tutti questi vincoli impediscono agli agricoltori italiani di essere competitivi in Europa e nel mondo, e fra la popolazione permane la diffidenza. Ancora una volta l'analfabetismo scientifico ci penalizza.

Inutile ritornare sulle paure della bioetica che le interferenze della Chiesa alimentano ed esasperano, non solo per quanto riguarda i problemi connessi alla fecondazione assistita, ma anche il testamento biologico, che dovrebbe essere discusso in Parlamento, per poter dare finalmente la libertà a una persona, in possesso delle proprie facoltà fisiche e mentali, di decidere della propria vita e della propria morte, e di non essere sottoposto all'accanimento terapeutico, quando fosse ridotto allo stato di malato terminale.

La paura dell'inquinamento e la mentalità antiscientifica spingono i nostri mass media ad annunci spesso risibili. Una settimana casualmente più calda della media porta a predire un'estate torrida mentre basta qualche giorno un po' più freddo della media stagionale per parlare di inverno glaciale. Esagerazioni antiscientifiche, perché i principali manipolatori della pubblica opinione dovrebbero sapere che le variazioni climatiche reali si possono valutare solo usando i valori medi che abbracciano scale di tempo di molti decenni, e non favorire l'idea che da un giorno all'altro l'Italia sia diventata un Paese tropicale, o che il prossimo massimo di attività solare possa avere effetti temibili sulla nostra abbronzatura.

Come uscire dal declino dell'Italia di oggi?

A conclusione di quanto detto finora, perché spariscano o almeno diminuiscano le paure irrazionali contro la scienza, occorre maggiore cultura scientifica, ma anche in generale maggiore cultura in tutti i sensi, perché solo così si sviluppano le capacità razionali di giudizio indipendente. Quindi migliori scuole e migliori università. Per realizzare ottime università occorre prima di tutto selezionare ottimi docenti e ottimi ricercatori.

Da notare ancora che conseguenza dell'ignoranza scientifica nel nostro Paese è la poca fiducia nella ricerca. Mentre nella maggioranza dei Paesi industrializzati gli investimenti privati per ricerca e sviluppo sono circa il doppio di quelli pubblici, con l'eccezione del Giappone in cui il rapporto è di 4 a 1, in Italia il 60 per cento degli investimenti sono pubblici, e solo il 40 per cento privati.

Altro comportamento in controtendenza dell'Italia: al generale aumento di investimenti per ricerca e sviluppo di questi ultimi anni, fa riscontro addirittura la diminuzione nel nostro Paese, dove tale investimento è sceso sotto l'un per cento del PIL, mentre aveva a stento superato l'un per cento al tempo del governo Dini, quando era ministro della Ricerca e dell'Università il fisico Giorgio Salvini.

La scarsa competitività derivante dalla mancanza di ricerca e innovazione si tocca con mano se si pensa alle industrie italiane che negli anni seguenti alla Seconda guerra mondiale avevano conquistato i mercati di mezzo mondo e sono ora scomparse o quasi. Ricordo le moto prodotte dalla Guzzi, dalla Gilera, dalla Ducati, i primi motocicli, la grande novità dell'immediato dopoguerra, come il ciclomotore Motom con motore a quattro tempi, robusto e leggero come una piccola motocicletta, presentato al salone di Ginevra nel 1947, e che probabilmente ispirò la costruzione da parte della Ducati di un modello simile con motore a quattro tempi da 65 centimetri cubici, una vera e propria motocicletta.

E inoltre i primi scooter coi modelli prodotti da Innocenti e Piaggio, come la Lambretta e la Vespa, la ISO con la Isetta del 1952, che è stata la prima macchinetta-scooter: ribattezzata «l'ovetto volante» si poteva guidare senza patente come gli scooter, e pur essendo a tre ruote come l'Ape Piaggio era una vera e propria piccola auto, che ha anticipato modelli a quattro ruote, come la francese Ligier e poi la vera auto, la Smart tedesca, quasi altrettanto ridotta di dimensioni e quindi ideale per il parcheggio in città. Ricordo l'Olivetti con le macchine da scrivere portatili e le calcolatrici, e nel 1964 il primo personal computer del mondo, il Programma 101, e il primo grande calcolatore elettronico per uso commerciale, l'Elea, e i nuovi tipi di macchine da scrivere elettriche.

Nella chimica la Montecatini, la Snia Viscosa, la Ferrania produttrice di pellicole e lastre fotografiche anche per uso scientifico; e ancora la Pirelli, e nella produzione di radio la Magneti Marelli, la Magnadyne, la Geloso, ancora la Ducati, la Siemens, la Edison nella produzione di energia elettrica. A proposito dell'Elea, va ricordata la CEP (Calcolatrice Elettronica Pisana), la cui progettazione fu suggerita da Enrico Fermi e la cui realizzazione avvenne completamente in Italia, e che ha preceduto la realizzazione dell'Elea 9003 presentata alla Fiera di Milano nel 1959.

Erano davvero gli anni del miracolo economico, della creatività e dell'innovazione, che trovavano stimolo nella ventata di libertà e democrazia finalmente ritrovate.

Le auto, le moto, i prodotti elettronici giapponesi che hanno invaso e dominato i mercati di tutto il mondo testimoniano la fondamentale importanza della ricerca. E pensare che il Giappone aveva ancora i segni brucianti della tragedia di Hiroshima e Nagasaki, ma ha avuto fiducia nella scienza e ha investito nella ricerca più di ogni altro Paese.

Lo Stato e la qualità della ricerca in Italia

La percentuale del PIL dedicata alla ricerca è inferiore a quella di tutti i maggiori Paesi europei e il numero di ricercatori su 1000 abitanti è meno della metà di Francia, Gran Bretagna e Germania. Questi dati da soli dimostrano lo scarso interesse e apprezzamento verso la ricerca, eppure il numero di pubblicazioni sulle principali riviste internazionali e le citazioni delle stesse regge bene il confronto con la produzione dei ricercatori di questi Paesi, a riprova che, nonostante gli scarsi finanziamenti e le lentezze burocratiche, molte nostre università producono buona ricerca.

Che questo patrimonio sia poco apprezzato e sfruttato lo dimostra la fuga di cervelli. Un articolo di Salvatore Settis apparso sulla «Repubblica» nel gennaio 2008 riporta alcuni dati significativi. Quando l'ERC (European Research Council) ha bandito il concorso per la prima assegnazione di fondi di ricerca (300 milioni di euro), riservata ai giovani entro nove anni dal dottorato, ci sono state più di 9000 domande da parte di ricercatori dei vari Paesi e solo 300 vincitori. L'Italia era al primo posto fra i concorrenti, con 1600 domande, contro 1000 della Germania, 800 della Gran Bretagna e 600 della Francia. Su 300 vincitori, gli italiani erano al secondo posto con 35 progetti, contro 40 tedeschi, 32 francesi, 30 inglesi. Fra i 53 ricercatori i cui programmi sono stati approvati con il massimo punteggio, l'Italia era prima con 9 vincitori contro i 7 della Gran Bretagna e della Germania e i 6 della Francia e della Spagna.

Ciò significa che gli italiani si sono precipitati su questa nuova fonte di finanziamento, per ovviare alla mancanza di risorse di cui disponevano in patria; i risultati evidenziano che la qualità delle loro proposte era molto buona.

Questo fatto mi ricorda un caso per un certo verso analogo. Quando nel 1978 è stato possibile iniziare le osservazioni con il satellite astronomico per l'ultravioletto IUE (International Ultraviolet Explorer), le domande di ricercatori italiani furono di gran lunga le più numerose – data anche la mancanza di moderne strutture osservative in Italia – e durante i 18 anni di vita del satellite i programmi italiani accettati furono sempre fra il 30 e il 40 per cento, tanto che i colleghi stranieri avevano ribattezzato l'IUE «Italian Ultraviolet Explorer». Anche le pubblicazioni di ricercatori italiani accettate dalle maggiori riviste internazionali non furono mai inferiori al 30 per cento di tutte le pubblicazioni basate sulle osservazioni con IUE. Quindi un'ulteriore conferma della qualità dei ricercatori usciti dalle nostre università.

Tornando ai vincitori dell'ERC la nota dolente è che solo 22 dei 35 vincitori resteranno in Italia mentre gli altri 13 andranno all'estero; al contrario in Gran Bretagna non solo 24 dei 30 vincitori restano nel Paese, ma a essi si aggiungono ben 34 vincitori stranieri, fra cui 6 italiani.

La situazione si è ripetuta con la seconda tornata di fondi nel 2009: su 2503 domande, oltre 434 erano italiane. I vincitori italiani sono stati i più numerosi, insieme ai tedeschi, con 32 progetti approvati, ma di questi solo 16 saranno condotti nelle università del nostro Paese. Esattamente opposto il bilancio dell'Inghilterra: di 43 borse ricevute, solo 18 sono state vinte da ricercatori inglesi.

Purtroppo molti di questi ricercatori resteranno all'estero: se rientrassero, l'Italia potrebbe offrire solo contratti a termine o quando va molto bene, posti di ricercatore a poco più di 1000 euro al mese [si veda in Appendice il grafico 5].

L'Italia e la ricerca spaziale

A partire dal 1988 la ricerca spaziale è stata gestita dall'ASI (Agenzia Spaziale Italiana), dipendente dal MURST, poi diventato MIUR, che progetta missioni spaziali nazionali e internazionali, soprattutto in collaborazione con l'ESA (European Space Agency) di cui l'Italia è il maggior contribuente dopo Francia e Germania. La ricerca viene svolta in stretta collaborazione con le università (in particolare coi dipartimenti di astronomia e di fisica), con gli osservatori astronomici e con gli istituti del CNR. La sede principale è a Roma, a Trapani c'è la sede di lancio di palloni stratosferici, a Matera il centro di geodesia spaziale intitolato al grande scienziato italiano ideatore della tecnica del rimpallo gravitazionale Giuseppe Colombo, scomparso prematuramente nel 1984, e a Malindi in Kenya il centro spaziale Luigi Broglio.

Già agli inizi dell'era spaziale l'Italia ha avuto un ruolo importante. Grazie all'iniziativa di Luigi Broglio, è stata il primo Paese ad avere una base di lancio equatoriale: una vecchia piattaforma petrolifera dell'ENI, la *San Marco*, utilizzata come rampa di lancio, e una seconda, la *Santa Rita*, come centro di controllo, situate entrambe al largo della costa keniana di Malindi. Da lì fu messo in orbita il satellite *Uhuru*, il primo per lo studio del cielo a raggi X, un nome che nella lingua locale significa «libertà». Era un progetto della NASA (National Aeronautics and Space Administration) ideato ancora da un italiano, il premio Nobel Riccardo Giacconi, allievo di Giuseppe Occhialini: vincitore di una borsa Fulbright nel 1956, abbandonò definitivamente l'Italia, esempio di uno dei tanti cervelli persi dal nostro generoso Paese. Ancora prima di *Uhuru* Broglio, esperto di propulsione a razzo, nel dicembre 1964 mise in orbita il *San Marco 1* da una base e con un razzo americani, facendo dell'Italia il terzo Paese al mondo, dopo Unione Sovietica e Stati Uniti, ad avere un proprio satellite.

Giuseppe Colombo è stato l'inventore del rimpallo gravitazionale, una strategia fondamentale per i viaggi delle varie sonde mandate nel sistema solare. Questa tecnica consiste nello sfruttare l'attrazione gravitazionale di un pianeta sulla sonda che passa nelle sue vicinanze, per rilanciarla più lontano, ed è stata sfruttata per l'esplorazione di tutti i pianeti, da Mercurio a Nettuno, e per inviare la sonda *Cassini-Huygens* verso Saturno e Titano.

Sempre di Colombo è stata l'idea del satellite a guinzaglio *Tethered*: un filo conduttore lungo circa 20 chilometri portava attaccato a una sua estremità un satellite e veniva srotolato dalla navetta in orbita attorno alla Terra. Il filo attraversava il campo magnetico terrestre e interagiva con esso creando una specie di dinamo naturale. Purtroppo al primo tentativo il filo si srotolò per soli 256 metri, e al secondo, quando si era srotolato quasi completamente, si ruppe e il satellite andò perso. Comunque fu dimostrata la possibilità di produrre una corrente elettrica come Colombo aveva previsto.

Fra i maggiori successi della ricerca spaziale va ricordato il satellite *Beppo SAX*, messo in orbita nel 1996 e dedicato a un pioniere nello studio dell'universo a raggi X, Giuseppe Occhialini detto Beppo, che ha permesso di scoprire l'origine extragalattica dei «*gamma bursts*», improvvisi lampi di radiazione gamma di breve durata – da una frazione di secondo a qualche minuto – provenienti da qualsiasi parte del cielo. E inoltre Boomerang, un esperimento internazionale capeggiato dal fisico italiano Paolo De Bernardis: un pallone stratosferico portava a bordo la strumentazione costruita nel laboratorio di fisica della Sapienza a Roma per misurare l'intensità e la distribuzione della radiazione del fondo cosmico, cioè una «fotografia» dell'universo 400.000 anni dopo il

Big Bang, quando ancora non c'erano né le stelle né le galassie. Questo esperimento ha permesso di stabilire la geometria dello spazio: lo spazio è piano, obbedisce cioè alla geometria euclidea, non è né curvo e chiuso (l'analogo nello spazio a tre dimensioni della superficie di una sfera), né curvo e aperto (l'analogo della superficie di un iperboloide).

Oltre a tutti i risultati scientifici ottenuti dagli scienziati italiani e le varie partecipazioni delle nostre industrie spaziali alla realizzazione di sonde e satelliti, vanno ricordati anche i sei astronauti italiani che hanno già volato – Franco Malerba, Umberto Guidoni, Maurizio Cheli, Roberto Vittori e Paolo Angelo Nespoli – e i nuovi astronauti dell'ESA selezionati con rigorosissimi criteri. Sono stati presentati il 20 maggio 2009 e sono sei, di cui un tedesco, un danese, un inglese, un francese e due italiani, Luca Parmitano e Samantha Cristoforetti, unica donna del gruppo.

Tutte le attività svolte da scienziati e industrie spaziali italiani nell'ambito dell'ASI, dell'ESA e delle varie collaborazioni con la NASA rappresentano un importante capitale della scienza italiana, frutto del lavoro delle nostre università, un capitale di cui si deve tener conto quando si legifera sulle scuole di ogni ordine e grado e sui nostri enti di ricerca come se fosse tutto marcio e da buttare.

Gli osservatori astronomici, il '68 e l'autovalutazione

La ricerca astronomica italiana ha una lunga tradizione. Cominciamo col ricordare le osservazioni a occhio nudo della supernova apparsa nel 1604, che Galileo compie dalla sua abitazione di Padova e grazie alle quali può stabilire che è a distanza ben superiore ai limiti del sistema solare, smentendo il dogma aristotelico ancora dominante secondo cui i corpi celesti sono perfetti e immutabili, e perciò la supernova deve essere molto più vicina della Luna; poi ovviamente arrivano tutte le sue scoperte col cannocchiale e descritte nel *Sidereus Nuncius*. Il 1 gennaio 1801 il nuovo secolo inizia con la scoperta di un pianeta posto fra Marte e Giove individuato da Giuseppe Piazzi; è il primo di una numerosissima famiglia di pianetini – la fascia degli asteroidi – situata proprio alla distanza dal Sole, dove la legge empirica di Titius-Bode prevede debba trovarsi un pianeta. Piazzi lo battezza «Cerere», la dea protettrice della Sicilia, perché l'avvistamento è avvenuto col telescopio dell'osservatorio di Palermo, uno strumento all'avanguardia per quell'epoca.

Un altro italiano, il gesuita Angelo Secchi, è uno dei pionieri della nuova astronomia – l'astrofisica – che tramite l'analisi spettroscopica della luce stellare permette di determinare temperatura, densità, composizione chimica delle stelle e capire quali sono le fonti dell'energia che irradiano. Nella seconda metà dell'Ottocento Secchi dà inizio ai primi studi sistematici della fisica delle stelle, osservando gli spettri stellari col telescopio dell'Osservatorio del Collegio romano. Nel 1872 nasce la prima rivista internazionale di astrofisica, «Le memorie degli spettroscopisti italiani», su cui astronomi italiani e stranieri pubblicano le loro osservazioni sugli spettri solare e stellari. La rivista continua ancora oggi col nome di «Memorie della Società Astronomica Italiana» e pubblica esclusivamente resoconti di congressi nazionali e internazionali.

Nella prima metà del Novecento si assiste a un generale decadimento della ricerca astronomica in Italia, con l'eccezione dell'Ossevatorio astrofisico di Arcetri a Firenze, dedicato soprattutto allo studio della fisica solare, e dove nel 1924 viene costruita la torre solare. Nel 1942 ad Asiago viene installato quello che per l'epoca è un grande telescopio, un riflettore da 120 centimetri, rimasto per molti anni sottoutilizzato.

L'astronomia italiana comincia a rifiorire anche per merito dei tanto vituperati movimenti studenteschi del '68. Il decadimento dipende essenzialmente da due fattori: le ricerche astronomiche si fanno quasi esclusivamente nei 12 osservatori astronomici di Pino Torinese, Milano Brera con la succursale osservativa di Merate, Padova-Asiago, Trieste, Bologna, Firenze-Arcetri, Roma-Monte Mario, Teramo, Napoli-Capodimonte, Catania, Palermo, Cagliari con la succursale di Carloforte. Di questi solo l'Osservatorio di Bologna e quello di Palermo sono istituti universitari, mentre gli altri sono enti di ricerca dipendenti direttamente dal ministero della Pubblica Istruzione. L'unico legame di questi ultimi con l'università è attraverso la cattedra di astronomia, quando c'è, perché non in tutti gli atenei è previsto l'insegnamento. Nella maggior parte dei casi è un unico corso complementare a matematica e in qualche caso a fisica.

Il direttore dell'osservatorio è il cattedratico di astronomia, oppure un astronomo vincitore di un concorso equiparabile a quello a cattedra che, non essendo però universitario, non è membro della facoltà di scienze e non ha modo di propagandare la necessità di una maggiore attenzione verso le materie astronomiche.

Il secondo fattore è che per decenni gli osservatori sono istituti monocattedra, in cui il direttore ha pieni poteri per quanto riguarda la gestione scientifica e amministrativa, e non è tenuto a consultarsi con i suoi collaboratori sulla scelta dei programmi di ricerca. Poiché in tutta la prima metà del Novecento i direttori di osservatorio sono matematici o meccanici celesti, con l'unica eccezione di Arcetri diretto dal fisico Giorgio Abetti, la nuova astronomia – l'astrofisica appunto – è completamente trascurata, i programmi di ricerca risultano obsoleti e certo non adatti a formare nuove leve di ricercatori. Anche i finanziamenti assegnati agli osservatori sono stabiliti in base alla tradizione storica: quelli che sono stati i maggiori osservatori seguitano a fare la parte del leone, anche se la loro ricerca è scarsa ed obsoleta.

Durante gli anni Sessanta si verificano alcune fortunate coincidenze: io e pochi anni dopo altri due giovani fisici vinciamo la cattedra e la direzione degli osservatori di Trieste, Napoli e Catania, mentre un famoso fisico specialista di fisica delle particelle, Nicolò Dallaporta – abituato allo stile di ricerca degli istituti di fisica pluricattedra e quindi molto più democratici degli osservatori astronomici – inizia una collaborazione col nuovo direttore dell'Osservatorio di Padova-Asiago, Leonida Rosino, anche lui un fisico già in cattedra da una decina di anni. La situazione degli osservatori, dunque, passa dalla presenza di un solo fisico su 12 direttori a 5 fisici, a cui si aggiunge appunto Dallaporta, titolare di astrofisica teorica a Padova, la prima università ad avere due cattedre di materie astronomiche.

Così noi sei fisici, stimolati anche dai movimenti studenteschi, decidiamo di creare una commissione informale – la CAPA (Consiglio Allargato Professori Astronomia) – composta dai 12 direttori d'osservatorio, l'altro cattedratico di astrofisica teorica e un rappresentante eletto dei ricercatori. Lo scopo è discutere le reali necessità dei vari osservatori per quanto riguarda sia i finanziamenti sia il personale, non più in base alla tradizione storica ma alla qualità della ricerca, soprattutto per sostenere gli osservatori che, pur essendo più piccoli, stanno sviluppando programmi moderni in grado di attrarre giovani neolaureati.

I funzionari ministeriali accettano volentieri la nostra proposta perché permette loro di suddividere i fondi e il personale secondo i nostri suggerimenti, e di sottrarsi alle continue pressioni e visite dei singoli direttori. Non è facile cambiare la mentalità dei colleghi più anziani, ma dopo lunghe riunioni e discussioni accompagnate da dati di fatto – quali l'elenco delle pubblicazioni apparse sulle maggiori riviste, il numero di inviti a presentare relazioni a congressi internazionali, i programmi attuati o in fase di attuazione, il numero di ricercatori stranieri che frequentano i vari osservatori – riusciamo gradualmente a ottenere una divisione di mezzi in base alla qualità della ricerca. Se l'autovalutazione in quel caso funziona, non potrebbe funzionare anche su scala molto più grande per le università?

Sempre sulla spinta dei moti studenteschi, i ricercatori più giovani degli osservatori astronomici si riuniscono spontaneamente in una associazione informale, l'ANRA (Associazione Nazionale Ricercatori Astronomia), per chiedere una gestione più democratica degli osservatori e la costituzione di un consiglio scientifico in ciascuno, costituito dal direttore e da una rappresentanza di ricercatori e di tecnici, in cui discutere sia i programmi di ricerca sia questioni normative del personale ed essere informati sulle decisioni del CAPA. La costituzione e gli scopi dell'ANRA vengono portati a conoscenza del Comitato scienze fisiche del CNR, che istituzionalizza l'ANRA trasformandola nel GNA (Gruppo Nazionale di Astronomia) e provvede a distribuire fondi per la ricerca a cadenza annuale. Questi sono sempre in realtà molto scarsi, ma l'impatto sulla ricerca è grande. Difatti fino a quel momento molti giovani – e anche non più giovani – si ritrovano isolati e indirizzati su temi di ricerca obsoleti, perché lavorano in osservatori i cui direttori non favoriscono la libera ricerca, o addirittura ostacolano l'assegnazione di borse di studio per soggiorni all'estero.

Il GNA rappresenta una rivoluzione, perché assicura maggiore libertà e la possibilità a coloro che studiano problemi affini di riunirsi frequentemente per discuterne insieme, oltre a distribuire borse di studio per trascorrere qualche mese all'estero in istituti dove la ricerca è avanzata. La struttura del GNA è molto democratica: si costituiscono cinque settori per cinque diversi campi di ricerca e cinque consigli di esperti per ogni settore, eletti dalla base, i quali danno valutazioni di merito sui programmi presentati e assegnano i fondi necessari.

I fondi, per ragioni burocratiche, vanno all'osservatorio di appartenenza del ricercatore, ma rimangono etichettati a suo nome e quindi non sono disponibili per altri impieghi. La libertà di movimento, le scelte non più vincolate, le discussioni spesso accanite sui programmi permettono ai ricercatori di prendere le distanze da quelle chiuse parrocchie che sono fino ad allora la maggioranza degli osservatori e li preparano ad affrontare con successo la competizione per ottenere l'approvazione dei programmi di ricerca con le nuove strutture internazionali, come i telescopi sui satelliti e i grandi telescopi a terra dell'European Southern Observatory (ESO). Oggi l'astrofisica italiana, come la fisica delle particelle e in generale tutti i campi della fisica, sono di ottimo livello e molti ricercatori italiani hanno occupato e tuttora occupano posizioni di rilievo nell'ambito dell'ESA e dell'ESO.

Frutto di questa rinascita dell'astrofisica italiana è la realizzazione del tanto auspicato osservatorio nazionale, di cui si parlava già all'inizio degli anni Cinquanta: il 29 giugno 1996 viene finalmente inaugurato il Telescopio Nazionale Galileo (TNG), di 3,5 metri di diametro, a Roque de los Muchachos a La Palma, nelle Canarie. Fondamentale inoltre è la partecipazione ai progetti dell'ESA e dell'ESO e la realizzazione, in collaborazione con Germania e Stati Uniti, del Large Binocular Telescope (LBT) costituito da due specchi di 8,4 metri di diametro su un'unica montatura, a formare un gigantesco binocolo situato su Monte Graham in Arizona. Le prime immagini arrivano nel 2008. Un'altra grandiosa impresa italo-francese è il «telescopio» per la rivelazione delle onde gravitazionali Virgo, situato vicino a Cascina, in provincia di Pisa. È un interferometro laser costituito da due bracci lunghi 3,5 chilometri ciascuno, disposti in modo da formare un angolo retto. Le onde gravitazionali previste dalla teoria della relatività sono estremamente deboli e non sono ancora mai state osservate direttamente, anche se la loro esistenza è stata provata indirettamente grazie alle osservazioni di una pulsar doppia.

Un altro grandioso strumento per osservare le emissioni radio dei corpi celesti è la Croce del Nord situata a Medicina, località fra Bologna e Ferrara, costruita nel 1964 e in seguito collegata a due parabole da 30 metri, una sempre a Medicina e una a Noto, in provincia di Siracusa; tutte insieme fanno parte del VLBI (Very Large Baseline Interferometer), una rete internazionale di radiotelescopi collegati elettronicamente, equivalenti a un unico radiotelescopio di superficie paragonabile a quella di tutta la Terra.

Il CAPA viene istituzionalizzato dal ministero della Pubblica Istruzione, che istituisce il CRA (Consiglio Ricerche Astronomiche). È il periodo migliore per gli osservatori astronomici, perché grazie al principio dell'autovalutazione, che funziona bene nel CAPA, si ottiene sia una grande autonomia per l'assunzione di personale ricercatore, tecnico e amministrativo, sia una carriera parallela a quella universitaria: ricercatore astronomo, astronomo associato e astronomo ordinario.

Lo snellimento burocratico e il controllo che il CRA esercita sulle richieste di fondi e personale garantisce efficacemente la qualità dei programmi proposti e il controllo a posteriori della loro effettiva realizzazione. Però il CRA non ha personalità giuridica e perciò non può gestire le imprese internazionali, che infatti vengono affidate all'osservatorio di Padova per il TNG e a quello di Arcetri-Firenze per l'LBT (Large Binocular Telescope). Per questa ragione ci siamo battuti per sostituire al CRA un istituto nazionale sul modello dell'INFN (Istituto Nazionale di Fisica Nucleare) che gestiva e gestisce ancora oggi in modo più che soddisfacente le ricerche nel campo della fisica delle particelle. Dopo molte discussioni viene costituito l'INAF (Istituto Nazionale Astrofisica) che ha come sezioni i 12 osservatori nazionali e gli istituti del CNR che si occupano di materie astronomiche: l'IASF (Istituto di Astrofisica Spaziale e Fisica Cosmica) con sedi a Bologna, Milano, Palermo e Roma, l'IRA (Istituto di Radioastronomia) con sede a Bologna, e l'IFSI (Istituto di Fisica dello Spazio Interplanetario) con sedi a Roma e a Torino.

L'INAF attualmente gestisce il TNG e l'LBT, ma si rivela un ente appesantito dalla burocrazia, che toglie ogni autonomia agli osservatori, assume molto personale amministrativo per la sede centrale di Roma, sebbene ogni osservatorio mantenga lo stesso carico amministrativo che aveva in precedenza e abbia già personale in grado di sbrigarlo. In definitiva almeno per il momento rallenta e ostacola il lavoro di ricerca.

In conclusione tutta questa storia che ho vissuto in prima persona vuol dimostrare l'importanza della libertà dei ricercatori, dell'autonomia degli istituti di ricerca e la necessità di un'attenta valutazione della qualità dei programmi proposti e del controllo a posteriori, tramite la produzione scientifica risultante.

Il sistema Trieste

Un esempio di buona ricerca in grado di attrarre numerosi studenti e ricercatori stranieri è offerto dalle istituzioni internazionali che a partire dagli anni Sessanta vengono fondate a Trieste, a fianco di quelle nazionali già esistenti: l'Università, l'Osservatorio astronomico e l'Osservatorio geofisico sperimentale, oltre al Museo Interattivo Immaginario Scientifico rivolto soprattutto alle scuole, e il Collegio Internazionale del Mondo Unito dell'Adriatico a Duino, in provincia di Trieste, che accoglie studenti da tutto il mondo, i quali, grazie a borse di studio, qui frequentano gli ultimi due anni di liceo e ottengono il baccalaureato internazionale. I migliori hanno anche l'opportunità di avere borse di studio per le più prestigiose università italiane e straniere.

Nel 1964, soprattutto per l'incisiva azione di Paolo Budinich, docente di fisica teorica dell'università, la candidatura di Trieste a ospitare il nascente International Centre for Theoretical Physics (ICTP) viene accettata e il centro inizia la sua vita sotto la prestigiosa direzione del fisico pakistano Abdus Salam, vincitore del premio Nobel nel 1979, che lo dirige fino al 1993. Scopo del centro, su iniziativa dell'UNESCO e della IAEA (International Association for Edicational Assessment), è di creare una classe dirigente di scienziati per i giovani dei Paesi in via di sviluppo, e in quasi mezzo secolo di vita dal centro passano centinaia di studiosi provenienti dal Sud America, dall'Africa, dall'Asia.

Molti di essi contribuiscono poi allo sviluppo dei loro Paesi e tornano periodicamente a Trieste nell'ambito di un programma di aggiornamento che consente di utilizzare la biblioteca e il centro di calcolo dell'ICTP. Il successo dell'ICTP rende possibile qualche anno dopo la fondazione della SISSA (Scuola Internazionale Studi Superiori Avanzati) che accoglie neolaureati dall'Italia e dal resto del mondo per svolgere il dottorato di ricerca in fisica, astrofisica, matematica e neurobiologia. La SISSA organizza anche un master per una corretta divulgazione giornalistica della scienza.

Accanto a queste istituzioni, sull'altipiano carsico è nata l'Area di ricerca, che accoglie numerosi istituti scientifici in stretto contatto con l'università e l'industria, il cui scopo è di fornire ricerca innovativa anche a piccole aziende che non hanno modo di condurla in proprio. Dell'area fanno parte due grandi enti: il centro internazionale di bioingegneria dell'UNESCO, l'ICGEB (International Centre for Genetic Engineering and Biotechnology), ed Elettra, la macchina di luce di sincrotrone (cioè un acceleratore di particelle) che utilizza la radiazione a raggi X prodotta dalle particelle accelerate dal campo magnetico per numerose applicazioni pratiche, quali l'analisi della struttura interna dei metalli o l'indagine sui tumori in medicina.

Anche queste strutture di rilevanza internazionale soffrono per i tagli alla ricerca, seppure in misura inferiore rispetto alle strutture nazionali, poiché accordi internazionali vincolano il nostro governo a contribuire (e a non sottrarsi) al finanziamento.

Conclusione

Il Novecento ha visto enormi progressi della scienza e della tecnologia, ha visto due ideologie dominanti – il rigido dirigismo comunista e lo sfrenato liberismo statunitense – scontrarsi e in modo diverso cadere. Il primo caso è stato un completo fallimento dal punto di vista dell'economia e della produzione, il secondo ha portato alla crisi globale di oggi e all'accentuazione di disparità inaccettabili fra il primo mondo industrializzato e il terzo mondo. Stretti fra i due maggiori rappresentanti di queste ideologie, Unione Sovietica e Stati Uniti, i Paesi europei, appena usciti dai disastri della Seconda guerra mondiale e delle dittature nazifasciste, hanno sviluppato economie liberiste moderate da interventi statali per la salvaguardia dei diritti di tutti i cittadini, come la scuola, la salute, il lavoro, la casa, i trasporti, l'accesso ai beni primari (acqua, energia), e soprattutto la possibilità per tutti i meritevoli, indipendentemente dalle loro condizioni economiche, di accedere alla conoscenza, il bene immateriale che ha caratterizzato la seconda metà del Novecento e che ancora di più caratterizzerà gli anni Duemila. Uno sviluppo equilibrato di tutti i Paesi è necessario per il mantenimento della pace politica e sociale. Alcuni Paesi stanno impegnando grandi risorse per uscire dalle condizioni di sottosviluppo, come l'India, la Cina, il Brasile.

Il sistema Trieste è stato un pioniere verso questa direzione di progresso, ed è nato in Italia. Possiamo solo augurarci che serva di esempio e stimolo non solo ai Paesi in via di sviluppo ma anche al nostro Paese, che governanti ignoranti e irresponsabili avviano verso una fase di sottosviluppo.

Abbiamo esaminato le condizioni delle nostre università e dei ricercatori, che in molti campi, in particolare in quelli scientifici, reggono bene il confronto con gli altri Paesi europei, nonostante questi rivolgano più fondi e più attenzione alla ricerca.

Tutte le proposte di riforma concordano sulla necessità di assegnare i finanziamenti non più a pioggia o in base alla tradizione storica, ma secondo la qualità della ricerca e della didattica, con criteri il più possibile oggettivi, e di effettuare poi un controllo sui risultati.

Il ministro Gelmini ha avviato un primo tentativo

di stilare una classifica di tutte le università assegnando alle migliori una quota aggiuntiva al finanziamento ordinario. Come c'era da aspettarsi, ci sono state molte critiche e proteste: i criteri impiegati non sono chiari e vanno comunque rivisti e discussi con gli addetti ai lavori e non calati dall'alto. Credo comunque che il miglior sistema sia quello dell'autovalutazione, che può scaturire dal confronto fra i rettori di tutte le università, sulla base dei risultati ottenuti nella ricerca (pubblicazioni accettate su riviste internazionali, inviti a congressi internazionali dei docenti, incarichi da questi rivestiti sempre in organizzazioni europee o internazionali, citazioni delle pubblicazioni e delle ricerche su riviste internazionali). È necessario comunque che gli stessi docenti e ricercatori stabiliscano i criteri, che logicamente saranno diversi per le materie scientifiche e per quelle umanistiche, per la ricerca di base e per quella applicata.

Più difficile è decidere come valutare la didattica. Il rapporto tra laureati e studenti in corso rispetto ai fuoricorso è un criterio possibile ma potenzialmente fuorviante perché potrebbe portare una maggiore indulgenza degli esaminatori per attrarre più studenti. Altro metodo, di non facile applicazione, l'esame della qualità delle tesi di laurea. Inoltre andrebbe preso in considerazione il giudizio degli studenti sui docenti, anche se la maggiore o minore severità di qualche professore potrebbe falsare i pareri. Si potrebbe ovviare chiedendo agli studenti di rispondere solo a poche domande precise: se il docente tiene sempre o quasi sempre il corso personalmente, se la presentazione degli argomenti è sufficientemente chiara, se è accompagnata o meno da indicazioni bibliografiche o testi e dispense per eventuali approfondimenti, se il docente è disponibile a incontri oltre l'orario delle lezioni.

In conclusione: una seria valutazione può scaturire solo da criteri discussi a livello nazionale dalla base dei docenti e non calata dall'alto da commissioni più o meno ristrette, più o meno competenti. Il primo passo è stato prendere atto di questa necessità e cominciare a stabilire i criteri; in seguito spetterà al ministro coinvolgere rettori e docenti per discutere i metodi di valutazione e proporne di alternativi in base alla loro esperienza personale, ponendo limiti di tempo vincolanti per la presentazione di alcune proposte (non più di due o tre).

Un altro punto molto importante riguarda il valore legale del titolo di studio. Forse sarebbe bene abolirlo e valutare le persone in base alle loro reali competenze e capacità, e non in base a un pezzo di carta inseguito soltanto per poter accedere a un certo livello impiegatizio.

Infine un altro argomento in discussione riguarda l'assunzione a ricercatore o docente: concorsi o chiamata in base alle esigenze del singolo dipartimento o università? In molti Paesi, per esempio Stati Uniti o Gran Bretagna, si chiama direttamente la persona che si ritiene più adatta a ricoprire un dato incarico. I concorsi in Italia sono sotto accusa perché spesso al merito si sostituiscono favoritismi e raccomandazioni, ma non credo che la chiamata diretta eliminerebbe questo rischio. Un buon compromesso potrebbe essere la formazione di una lista di idonei in base a concorso per titoli, da cui l'università o i singoli dipartimenti possano scegliere una o più persone adatte, che verrebbero valutate con un colloquio e qualche lezione per accertare le capacità didattiche.

Infine – e su questo va dato atto al ministro Gelmini di avere mosso il primo passo – occorre tornare a una maggior serietà degli studi nella scuola secondaria, a un esame di maturità che accerti veramente, nello stesso interesse dello studente, una preparazione adeguata per proseguire gli studi universitari. Altrimenti non sarebbe una tragedia ripetere l'anno per evitare di trovarsi poi all'università boccheggiante come un pesce fuor d'acqua.

Sigle

ANRA	Associazione Nazionale Ricercatori Astronomia
ASI	Agenzia Spaziale Italiana
CAPA	Consiglio Allargato Professori Astronomia
CEP	Calcolatrice Elettronica Pisana
CFU	Crediti Formativi Universitari
CIVR	Comitato di Indirizzo per la Valutazione della Ricerca
CNR	Consiglio Nazionale delle Ricerche
CNVSU	Comitato Nazionale per la Valutazione del Sistema Universitario
CRA	Consiglio Ricerche Astronomiche
CRUI	Conferenza dei Rettori delle Università Italiane
CUN	Consiglio Universitario Nazionale
EFSA	European Food Safety Authority
ENI	Ente Nazionale Idrocarburi

ERC	European Research Council
ESA	European Space Agency
ESO	European Southern Observatory
GNA	Gruppo Nazionale di Astronomia
IAEA	International Association for Educational Assessment
IASF	Istituto di Astrofisica Spaziale e Fisica Cosmica
ICGEB	International Centre for Genetic Engineering and Biotechnology
ICTP	International Centre for Theoretical Physics
IFSI	Istituto di Fisica dello Spazio Interplanetario
INAF	Istituto Nazionale di Astrofisica
INFN	Istituto Nazionale di Fisica Nucleare
IRA	Istituto di Radioastronomia
ISTAT	Istituto Nazionale di Statistica
IUE	International Ultraviolet Explorer
LBT	Large Binocular Telescope
MIUR	Ministero dell'Istruzione, dell'Università e della Ricerca
MURST	Ministero dell'Università e della Ricerca Scientifica e Tecnologica
NASA	National Aeronautics and Space Administration
OCSE	Organizzazione per la Cooperazione e lo Sviluppo Economico

OGM	Organismi Geneticamente Modificati
PIL	Prodotto Interno Lordo
PISA	Programme for International Student Assessment
SISSA	Scuola Internazionale Studi Superiori Avanzati
TNG	Telescopio Nazionale Galileo
UAI	Unione Astronomica Internazionale
UNESCO	United Nations Educational, Scientific and Cultural Organization
VLBI	Very Large Baseline Interferometer

Appendice

Grafico 1

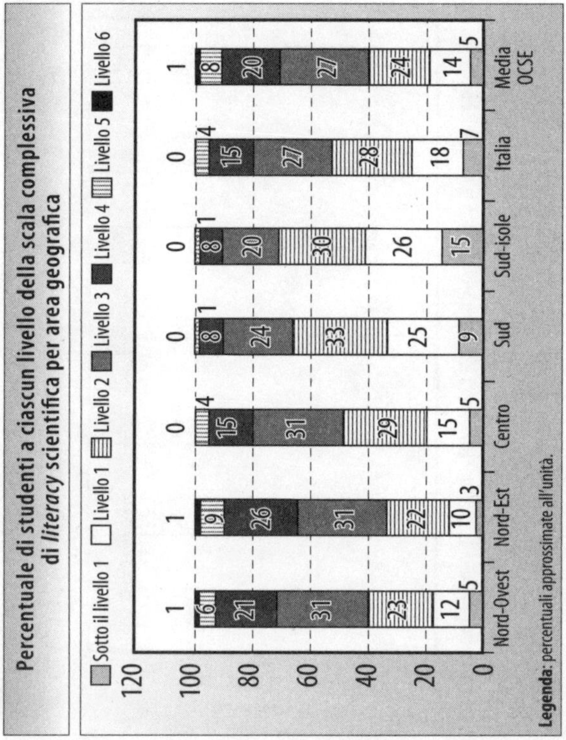
Percentuale di studenti a ciascun livello della scala complessiva di *literacy* scientifica per area geografica
Sotto il livello 1
Livello 1
Livello 2
Livello 3
Livello 4
Livello 5
Livello 6
120
100
80
60
40
20
0
Nord-Ovest
5 12 23 31 21 6 1
Nord-Est
3 10 22 31 26 9 1
Centro
5 15 29 31 15 4 0
Sud
9 25 33 24 8 1 0
Sud-isole
15 26 30 20 8 1 0
Italia
7 18 28 27 15 4 0
Media OCSE
5 14 24 27 20 8 1
Legenda: percentuali approssimate all'unità.

Grafico 2

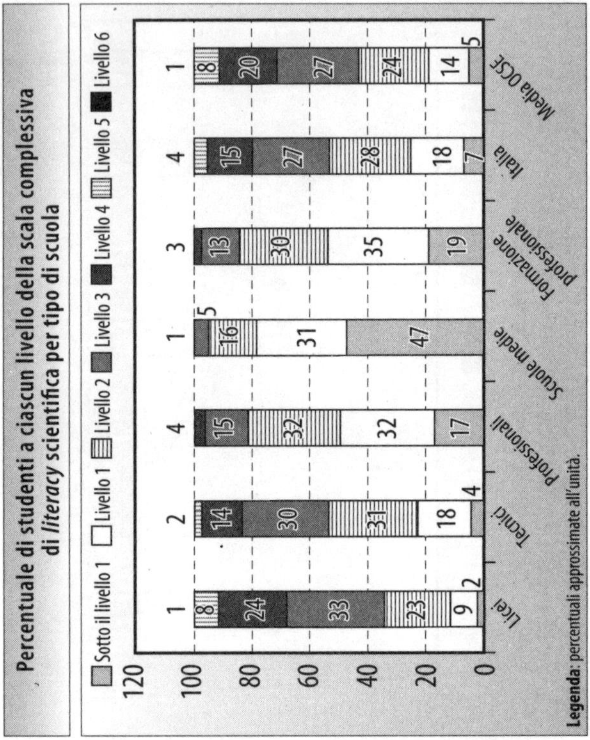
Percentuale di studenti a ciascun livello della scala complessiva di *literacy* scientifica per tipo di scuola
Sotto il livello 1
Livello 1
Livello 2
Livello 3
Livello 4
Livello 5
Livello 6
120
100
80
60
40
20
0
Licei
Tecnici
Professionali
Scuole medie
Formazione professionale
Italia
Media OCSE
2 9 23 33 24 8 1
4 18 31 30 14 2
17 32 32 15 4
47 31 16 5 1
19 35 30 13 3
7 18 28 27 15 4
5 14 24 27 20 8 1
Legenda: percentuali approssimate all'unità.

Grafico 3

Distribuzione territoriale delle sedi universitarie; Comuni con almeno un corso di studi attivo, anno accademico 2008/09

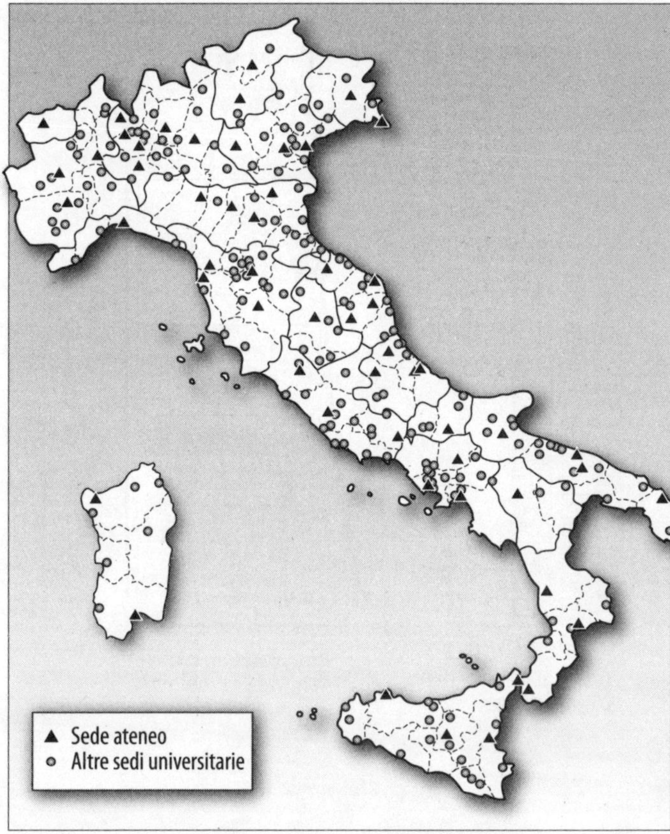

Grafico 4

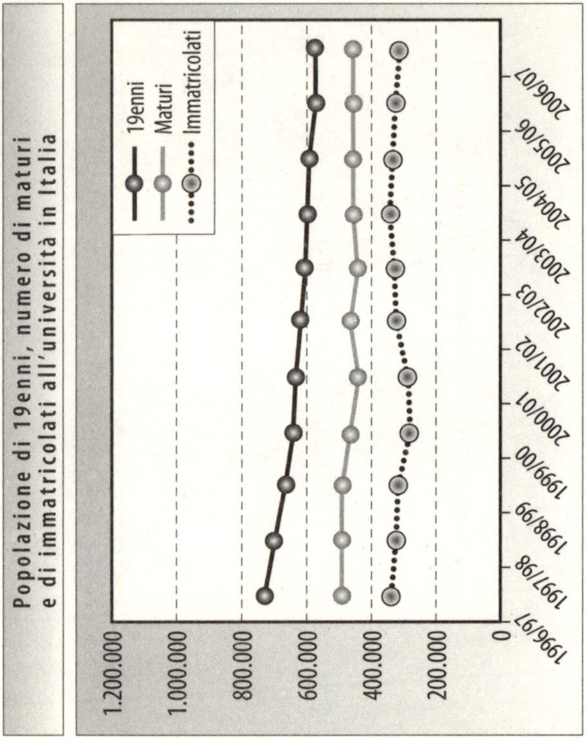
Popolazione di 19enni, numero di maturi
e di immatricolati all'università in Italia
1.200.000
1.000.000
800.000
600.000
400.000
200.000
0
19enni
Maturi
Immatricolati
1996/97
1997/98
1998/99
1999/00
2000/01
2001/02
2002/03
2003/04
2004/05
2005/06
2006/07

Grafico 5

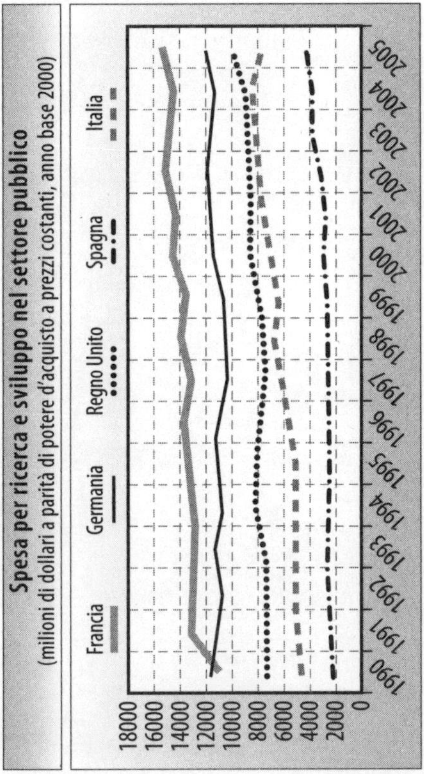
Spesa per ricerca e sviluppo nel settore pubblico
(milioni di dollari a parità di potere d'acquisto a prezzi costanti, anno base 2000)
Francia
Germania
Regno Unito
Spagna
Italia
18000
16000
14000
12000
10000
8000
6000
4000
2000
0
1990
1991
1992
1993
1994
1995
1996
1997
1998
1999
2000
2001
2002
2003
2004
2005

Note

La scienza e la politica

1. Intervista di Alessandra Arachi a Mariastella Gelmini, *Gelmini: penso a un bonus per chi studia alle private*, «Corriere della Sera», 18 giugno 2009.
2. Monica Marelli, *La fisica del miao. Ali, zampe e code raccontano la scienza*, Editoriale Scienza, Trieste 2007; Monica Marelli, *La fisica del bau. Baffi, denti e piume raccontano la scienza*, Editoriale Scienza, Firenze 2009.
3. Orazio La Rocca, *Il Papa contro gli scienziati «tentati dai facili guadagni»*, «la Repubblica», 17 ottobre 2008.

Le ultime riforme

1. *Nono rapporto sullo stato del sistema universitario* (dicembre 2008), a cura del Comitato Nazionale per la Valutazione del Sistema Universitario, http://www.cnvsu.it/_library/downloadfile.asp?id=11642.

La legge 133/2008

1. *Education at a Glance 2009:* OECD *indicators*, OECD, Paris, 2009 (dati 2006), www.oecd.org/edu/eag2009.
2. *Education at a Glance 2009:* OECD *indicators*, OECD, Paris, 2009 (dati 2006), www.oecd.org/edu/eag2009.
3. Barack Obama, *Remarks by the President at the National Academy of Sciences Annual Meeting*, National Academy of Sciences, Washington, D.C., 27 aprile 2009, citato in Salvatore Settis, *I soldi alla ricerca non sono un lusso*, «la Repubblica», 15 luglio 2009.
4. Margherita Hack, *Ricerca scientifica: il Polo non sa cosa sia*, «l'Unità», 2 gennaio 2002.

La riforma (o meglio le riforme) del 3 più 2

1. *Nono rapporto sullo stato del sistema universitario* (dicembre 2008), a cura del Comitato Nazionale per la Valutazione del Sistema Universitario, http://www.cnvsu.it/_library/downloadfile.asp?id=11642.

Il Manifesto di Universitas Futura e le proposte della Commissione lincea

1. Per approfondire il Manifesto di Universitas Futura, si consulti il sito w3.dusg.uniroma1.it/unira/index.php?option=com_content&task=view&id=49&Itemid=34
2. Per approfondire le linee per una riforma universitaria della Commissione lincea, si consulti il sito www.lincei.it/commissioni/documento_definitivo_riforma_universita_30_gennaio_2009.pdf

Perché la Chiesa diffida della scienza?

1. Galileo Galilei, *Sidereus Nuncius* (1610), traduzione e commento di Paolo Bussotti, ristampa anastatica, Livorno 2001.
2. Galileo Galilei, *Frammenti e Lettere*, a cura di Giovanni Gentile, Firenze, Sansoni 1939.
3. Intervista di Giovanni Caprara a George Coyne, *Cercando Dio oltre il Big Bang*, «Corriere della Sera», 7 gennaio 2002.

Indice

Finito di stampare
nel mese di dicembre 2009 presso
Grafica Veneta S.p.A. - Via Malcanton, 2 - Trebaseleghe (PD)

Printed in Italy